土木工程施工技术与管理

陈亚琴　李大彬　主编

延吉·延边大学出版社

图书在版编目（CIP）数据

土木工程施工技术与管理 / 陈亚琴，李大彬主编.
延吉 ： 延边大学出版社，2024. 8. -- ISBN 978-7- 230
-07047-8

Ⅰ．TU71

中国国家版本馆CIP数据核字第2024BD0874号

土木工程施工技术与管理
TUMU GONGCHENG SHIGONG JISHU YU GUANLI

主　　编：陈亚琴　李大彬
责任编辑：王治刚
封面设计：文合文化
出版发行：延边大学出版社
社　　址：吉林省延吉市公园路977号　　　　邮　　编：133002
网　　址：http://www.ydcbs.com　　　　　E-mail：ydcbs@ydcbs.com
电　　话：0433-2732435　　　　　　　　　传　　真：0433-2732434
印　　刷：三河市嵩川印刷有限公司
开　　本：710mm×1000mm　1/16
印　　张：14.25
字　　数：280 千字
版　　次：2024 年 8 月 第 1 版
印　　次：2025 年 1 月 第 1 次印刷
书　　号：ISBN 978-7- 230-07047-8

定价：75.00元

编 写 成 员

主　　编：陈亚琴　李大彬

副 主 编：林业锦　庄少国　胡久瑞　马砚秋　姜波

编写单位：兰州博文科技学院

山西四建集团有限公司

广州市南沙新区明珠湾开发建设管理局

福建省源昌建设工程有限公司

安康市汉滨区住房和城乡建设局

湖北文理学院理工学院

青岛正晟工程咨询管理有限公司

前　　言

　　土木工程施工与管理贯穿整个土木工程建设的始终，从奠基到竣工，再到交付使用。在整个施工过程中，技术的采用、材料的购买、人员的调动、机械设备的租赁和工程进度的控制等，都离不开相关人员的管理。因此，分析土木工程施工技术，探索高效的土木工程施工管理方法，对于工程质量的提高有着重要的现实意义，影响着土木工程行业的发展前景。随着我国社会经济的不断发展，土木工程施工技术与管理在建筑领域内越来越受到重视。

　　土木工程施工与管理是一项综合性的、复杂的事务，施工与管理的水平直接关系着整个土木二程的质量。科学有效的土木工程施工与管理，可以促进土木工程建设的发展，对城市现代化建设也有着至关重要的作用。土木工程施工技术作为影响工程质量的重要因素，对其进行创新，是现代土木工程行业发展的关键。因此，相关人员在施工过程中需要不断优化施工技术，加强对各环节的管理，从而保证工程的质量。

　　《土木工程施工技术与管理》一书共分八章，字数28万余字。该书由兰州博文科技学院陈亚琴、山西四建集团有限公司李大彬担任主编。其中第一章、第二章、第三章及第四章第一节、第二节由主编陈亚琴负责撰写，字数10万余字；第四章第三节、第五章、第六章及第七章第一节、第二节由主编李大彬负责撰写，字数10万余字；第七章第三节、第四节、第八章共8万余字，由副主编林业锦负责撰写2万余字；庄少国负责撰写2万余字；胡久瑞负责撰 3 万余字；马砚秋负责撰写 1 万余字；全书由副主编姜波负责统稿，为本书出版付出大量努力。

　　由于笔者水平有限，加之时间仓促，本书难免存在一些疏漏，在此恳请同行专家和读者批评指正。

笔者

2024 年 8 月

目　　录

第一章　土木工程
与土木工程施工技术

第一节　土木工程

一、土木工程的内涵

国务院学位委员会第六届学科评议组在《学位授予和人才培养一级学科简介》一书中，把作为一级学科的土木工程定义为："土木工程是建造各类工程设施的科学技术的统称。它既指工程建设的对象，即建造在地下、地上、水中等的各类工程设施，也指其所应用的材料、设备和所进行的勘测、设计、施工、管理、监测、维护等专业技术。"高校的土木工程专业就是为培养掌握土木工程技术的人才而设置的专业。

土木工程涵盖的范围十分广泛，包括房屋建筑工程、公路与城市道路工程、铁道工程、桥梁工程、隧道工程、机场工程、地下工程、给水排水工程、港口码头工程等。国际上将运河、水库、大坝、水渠等水利工程也归于土木工程的范畴。在我国，土木工程建设渗透到了工业、农业、交通运输业、国防及人民生活的各个方面。

作为一门学科，土木工程诞生早，发展及演变历史长，但作为一个产业来说，土木工程是一个"朝阳产业"，其强大的生命力来自人类生活乃至生存对它的依赖，可以说，只要人类存在，土木工程就有广阔的发展空间。随着时代的发展和科学技术的进步，土木工程早已不是传统意义上的建造各类土地工程设施的科学技术，而是由新理论、新材料、新技术武装起来的专业覆盖面和行业涉及面极广的一门学科和大型综合性产业。

土木工程虽然是一门古老的学科，但随着学科间的相互渗透和相互促进日益增强，土木工程涉及的领域也会不断扩大。因此，土木工程相关人员需要不断学习新知识。

二、土木工程的特点

土木工程建设的最终任务是设计和建造各种类型的供人类生产和生活的建筑物或构筑物，这些建筑物或构筑物通常被称为建筑产品。土木工程的特点主要体现在建筑产品、土木工程建设过程，以及建筑工程管理等方面，具体表现如下：

第一，各类建筑产品除有各自不同的性质、用途、功能、设计形式、使用要求外，还具有固定性、多样性、形体庞大、所涉及的工程技术复杂等诸多共同特点。

第二，土木工程建设具有周期长，所需人力、物力资源多，受环境和自然条件的影响大，以及具有流动性和复杂性等特点。

第三，土木工程中的建筑工程管理具有创造性、系统综合性、一次性等特点。

三、土木工程的重要性

土木工程为国民经济的发展和人民生活的不断改善提供了重要的技术基础，并对众多产业的发展具有促进作用，可见，土木工程在国民经济中占有举足轻重的地位。

土木工程包括矿山、铁路、公路、房屋等工程建设，也包括电力、通信线路、给水、排水、供热等管道系统和各类机械设备、装置的安装工程建设，还涉及建设单位及其主管部门的投资决策活动，以及征用土地、工程勘察设计、工程监理等活动。土木工程建设涉及诸多行业，不仅包括建筑业、房地产业、工程勘察设计业等传统行业，而且还带动了物业管理和工程咨询等新兴行业的发展。

目前，建筑业和房地产业已经成为许多国家和地区的重要经济支柱。下面以房地产业为例，简要说明土木工程在国民经济中的重要性。

房地产业是从事房地产投资、开发、经营、管理和服务的产业，其内容包括：土地的开发，房屋的建设、维修、管理，土地使用权的有偿划拨、转让，房屋所有权的买卖、租赁，房地产的抵押贷款，等等。

房地产业与建筑业之间既有区别，又有密切联系。建筑业是第二产业，属于物质生产范畴。房地产业则兼有投资、开发（生产）、经营、管理和服务等多种性质，因而房地产业属于服务业，是第三产业的重要组成部分。房地产业在国民经济中占有非常重要的地位，对国家经济和社会发展发挥着重要作用，主要体现在以下几个方面：第一，房地产业是一个国家财富的重要组成部分，其创造的固定资产在固定资产总值中占有很大的比重。第二，房地产业是政府财政收入的重要来源之一。第三，房地产业的发展能带动和促进相关产业发展，稳定和扩大就业。第四，随着房地产业的发展，人民的生活水平、居住条件能得到进一步改善，从而有利于劳动力的再生产。

土木工程对房地产业的发展具有支撑性作用，房地产业在国民经济中的地位和作用也反映出土木工程的重要性。

四、土木工程的基本属性

（一）综合性

建造一个建筑物一般要经过勘察、设计和施工三个阶段，在这些阶段，相关人员需要运用地质勘查、工程测量、工程力学、工程设计、建筑材料、建筑设备、建筑经济等学科，以及施工技术、施工组织等领域的知识。因此，土木工程涉及的范围十分广泛，具有综合性。

（二）社会性

土木工程是随着人类社会的进步而逐渐发展起来的，土木工程所建造的各类工程设施反映了各个历史时期社会、经济、文化、科学、技术发展的情况。因此，土木工程作为社会历史发展的见证之一，具有社会性。

（三）实践性

影响土木工程的因素众多，而且错综复杂，使得土木工程对实践的依赖性非常强，这要求相关人员不仅要具备扎实的专业知识，还要有丰富的实践经验和较强的解决问题的能力，以便在复杂多变的环境中做出正确的决策，采取有效的措施。

五、土木工程的发展历史

土木工程的发展大体经历了古代、近代和现代三个阶段。

（一）古代土木工程

古代土木工程的发展经历了漫长的过程，时间为从旧石器时代到17世纪中叶。这一时期，人们修建各种设施主要是依靠实践中积累的经验，几乎没有设计理论的指导。人们所用的建筑材料主要是石块、土坯等，所用的建造工具也十分简单，主要是斧、锤、刀、铲和石夯等手工工具。即使这样，古代人类还是留下了许多具有历史意义和价值的建筑工程。

古代西方国家的宏伟建筑大多是砖石结构的，如古埃及的金字塔、古希腊的帕特农神庙、古罗马的角斗场等，都是令人神往的古代石结构建筑。中国古代建筑则大多为木结构建筑，如北京市的故宫、天坛，天津市蓟州区的独乐寺观音阁等，都是具有悠久历史的优秀木结构建筑。除了木结构建筑，中国古代的砖石结构建筑也有非常大的成就，最具代表性的当数我国的长城，由于年代久远，早期各个朝代的长城大都残缺不全，保存得比较完整的是明代修建的长城，所以人们一般说的长城指的是明长城，所称长城的长度，也就是明长城的长度。明长城东起辽宁虎山，西至甘肃嘉峪关，总长8 851.8千米。在水利工程建设方面，我国取得的成就也是非凡的。战国时期由李冰父子主持修建的都江堰，至今仍造福于四川人民。即使在今天看来，这一水利工程的设计也是非常合理和巧妙的。

（二）近代土木工程

近代土木工程的发展时期大致为17世纪中叶到20世纪中叶。在这一特殊历史时期，土木工程逐渐成为一门独立的学科。1687年，英国物理学家牛顿（I. Newton）总结出的力学三大定律，为土木工程的力学分析奠定了理论基础。随后，在材料力学、弹性力学和材料强度理论的基础上，法国的力学家纳维（C. L. M. H. Navier）在1825年提出了土木工程中结构设计的容许应力法。从此，土木工程的结构设计有了比较系统的理论指导。从材料方面来看，这一时期，波特兰水泥和钢筋混凝土的发明，使得土木工程师可以运用这些材料建造更为复杂、庞大的工程设施。在近代及现代建筑中，高耸、大跨、巨型、复杂的工程，大都应用了钢结构或钢筋混凝土结构。

这一历史时期，工业革命使得工业和交通运输业有了较大的发展，社会对土木工程设施的需求更加旺盛，同时也为土木工程的建造提供了新的施工机械和施工方法。打桩机、压路机、挖土机、掘进机、起重机、吊装机等的出现，为土木工程的发展奠定了坚实基础。

这一时期具有重大历史意义的土木工程有很多，例如：1825 年和 1863 年英国分别修建了世界上第一条铁路和第一条地铁，1889 年法国建成的埃菲尔铁塔，1909 年我国建成的京张铁路，以及 1937 年美国建成的金门大桥，等等。

（三）现代土木工程

第二次世界大战以后，现代科学技术有了突飞猛进的发展，进而为土木工程建设提供了强大的物质基础和技术手段，土木工程的发展进入以现代科学技术为支撑的新时代。这一时期的土木工程具有功能要求多样化、城市建设立体化、交通工程快速化、工程设施大型化等特点。

这一时期，无论是公路、铁路，还是桥梁、隧道，无论是高层建筑、高耸结构，还是大跨度建筑，都取得了长足的进步与发展，世界各国的代表性土木工程建筑不胜枚举。

在高层建筑方面，2010 年，阿联酋迪拜建成的哈利法塔，总层数为 162 层，高 828 米。目前我国最高的高层建筑为上海中心大厦，总层数为 119 层，高 632 米。此外，国内代表性高层建筑还有：上海金茂大厦，高 420.5 米；深圳地王大厦，高 383.95 米；广州中信大厦，高 391 米；等等。

在高耸结构方面，目前，世界上最高的塔式建筑是日本的东京晴空塔，高 634 米。我国广东省的广州塔，塔身主体高 454 米，天线桅杆高 146 米，总高度为 600 米，是中国第一高塔，位居世界第二。

大跨度建筑主要包括体育馆、展览馆、剧院等大型公共建筑，以及飞机库、大型厂房等工业建筑。例如，位于法国巴黎的法国国家工业与技术中心陈列馆，结构平面为三角形，每边跨度达到 218 米，是典型的薄壳结构。又如，我国的北京工人体育馆的屋面为悬索结构，跨度达到 94 米。

在桥梁建设方面，目前，世界上已建成的跨度最大的悬索桥是日本的明石海峡大桥，主跨 1 991 米；世界第二大跨度的悬索桥是我国湖北省武汉市的杨泗港长江大桥，跨度 1 700 米；世界第三大跨度的悬索桥是我国浙江省舟山市的西堠门大桥，主跨 1 650 米。

综观土木工程的发展历史，我国在现代土木工程的发展过程中取得了举世瞩目的成就，这些成就是我国改革开放和现代化建设成果的重要组成部分。我国在土木工程领域的发展也在一定程度上反映出我国改革开放以来经济发展速度与质量的不断提高。

第二节　土木工程施工技术

一、土木工程施工技术的类型

土木工程施工技术，是指土木工程从施工准备到竣工验收整个过程的施工理论、施工方法，以及各主要分部分项工程的施工方法、机械化施工原理等。土木工程施工技术主要包括地基与基础工程施工技术、砌体工程施工技术、钢结构工程施工技术、结构安装工程施工技术、预应力混凝土工程施工技术、防水工程施工技术等。此处仅作简单介绍，在第二章至第七章，将分别对各类施工技术进行详细分析。

（一）地基与基础工程施工技术

地基与基础工程施工技术是土木工程施工技术的重要组成部分，能够保证建筑物的安全性、稳定性，所以对地基与基础工程施工技术进行深入研究非常有必要。相关人员要根据实践中建筑工程的具体施工过程，找出能够提高地基与基础工程施工质量与效率的方法，保证工程项目能够高质量、高效率、高水平地完成。

建筑物地基质量与整个建筑的质量和安全息息相关。地质条件的不同，决定了在不同的项目中需要利用不同的施工技术来保证地基的稳固性，以满足建筑工程承载力的需要。此外，在地质条件不好的情况下，施工人员要利用各种技术方法改善地质条件，做好地基的加固作业，从而使地基达到施工设计的要求。同时，对于多种形式的基础工程施工技术，应当根据具体情况进行选择，只有严格按照规定的施工技术进行施工，才能充分保证建筑工程的施工质量，杜绝安全隐患。

（二）砌体工程施工技术

砌体工程施工技术是指用砂浆将砖、石和不同类型的砌块等胶结成整体的施工技术。砌体工程可就地取材，造价低，施工方便。砌体结构的耐火性、稳定性较好，能节约水泥和钢材。进行砌体工程施工时，不需要模板和重型设备，因此，砌体工程施工在土木工程施工中占有相当大的比重。但砌体工程自重大、劳动强度高、生产效率低，难以满足现代建筑工程快速发展的要求，且烧制黏土砖需要占用大量农田，消耗土地资源较多，不符合生态文明建设的要求。因此，改进砌体工程施工技术、改良砌体材料是土木工程施工技术发展的重要方向。

（三）钢结构工程施工技术

在钢结构工程施工中，选择和使用钢结构零部件时，需要对具体的型号、位置进行检查与判断，做好必要的清洁工作，将钢结构施工技术的优势充分发挥出来。在运用钢结构技术进行施工时，施工人员需要对钢结构连接的部位进行处理，采用焊接方式时，由于钢结构焊接施工涉及多个关键步骤，因此，需要提高焊接技术水平，从而优化和完善工程施工过程。同时需要注意连接的位置，熟悉技术应用的具体方式，确保工程的质量与施工安全。除此之外，相关的管理人员需要第一时间对施工人员的操作行为进行监督与管理，保证施工人员的所有行为都符合规范的要求，确保工程建设的质量和安全。

（四）结构安装工程施工技术

所谓结构安装工程，就是用起重设备将预制构件安装到设计位置的整个施工过程，是装配式结构施工的主要工程。

结构安装工程具有设计标准化、构件定型化、产品工厂化、安装机械化等优点，是建筑业进行现代化施工的有效途径。采用高效的结构安装工程施工技术可以改善劳动条件，加快施工进度，从而提高劳动生产率。

结构安装工程施工技术的特点在于：第一，高空作业多，且构件一般都具有长、大、重的特点，易发生安全事故；第二，有些构件，如桁架、柱子等，在运输和吊装时，要加临时支撑，以免改变受力性质，导致构件被破坏；第三，构件的外形尺寸会影响安装施工进度。所以，设计人员在进行结构安装工程设计时应注意：构件类型尽量少一些；质量要轻一些；体积要小一些。

（五）预应力混凝土工程施工技术

预应力混凝土工程施工技术是一种以预先施加的预应力来增强混凝土结构承载能力和耐久性的工程技术，被广泛应用于桥梁、高层建筑和水利工程等领域，具有较高的安全性，也较为经济。随着城市化进程的加快和交通运输需求的增长，土木工程领域对更大跨度、更高承载能力和更长使用寿命的结构需求也越来越迫切。

（六）防水工程施工技术

防水工程施工技术在工业与民用建筑工程中发挥着功能保障作用。防水工程的质量，不仅关系到建筑物的使用寿命，还直接影响到人们的生产、生活环境和卫生条件。所以，在防水工程施工过程中，除了保证防水工程设计合理、防水材料选择正确，还要提高防水工程施工的质量。

二、土木工程施工技术的发展趋势

（一）生态化发展

生态建设是近年来我国土木工程施工建设的重要内容，在土木工程施工建设的过程中，除了需要确保工程的质量和安全性，还需要考虑其对生态环境的影响。

长久以来，相关企业在施工过程中更多地注重经济效益。随着人与自然和谐统一发展成为我国现代化建设的重要内容，在现代化的行业发展背景下，建筑工程企业为了更好地对经济效益进行把控，就需要考虑土木工程施工技术的生态化发展水平。

具体来说，施工人员需要科学、合理地选择和使用各种原材料，避免材料资源浪费。除此之外，工程设计者还需要从生态的视角出发，对工程施工的每一个环节进行符合生态化要求的设计，使土木工程施工能够满足具体的标准要求。

（二）科技化发展

土木工程施工的许多标准和要求，实际上是为了实现工程项目经济效益的最大化，从这个角度来说，工程的总体造价和施工技术具有紧密的联系。一般来说，工程造价直接决定着土木工程的施工技术。同时，先进的施工技术能够使整个工程项目的效率得到提高，也能够进一步实现自动化、智能化，最大限度地发挥工程项目的整体经济效益。

具体来说，为了进一步实现土木工程的可持续发展，要推动施工形式朝着自动化、智能化的方向发展，从而更好地利用先进的施工技术，提高工程的施工质量，降低在施工过程中出现安全问题的概率。此外，还要引进先进的施工设备和环保节能的施工材料，不断对施工技术进行开发、研究、创新，提高建筑工程企业的市场综合竞争力。与此同时，建筑工程企业应该将发展的目光放长远，在实现自动化施工技术的基础上，不断创新现有的施工技术，推动企业的可持续发展。

（三）绿色化发展

随着我国城市化进程不断推进，其对土木工程建设提出的要求也越来越高。在施工过程中采用绿色施工技术，最大限度地避免资源浪费，减少环境污染，既是我国现代化发展的要求，也能够提高土木工程建设的整体效益。

在土木工程施工中，所谓的"绿色"指的是通过科学的管理技术手段，在能源消耗最少的情况下，尽量减少环境污染，达到节约能源、节约材料的目的。土木工程施工技术的绿色化发展，就是要实现生态环境保护、社会经济建设、节能利用这三个方面的可持续发展。

不同于一般的土木工程施工技术，绿色施工技术更符合环保的理念，既能够满足居住者对自然审美的要求，又能够对自然环境进行保护。绿色化发展趋势要求土木工程施工采用绿色技术，减少土木工程施工过程中产生的污染，最大化发挥工程项目的社会效益。在施工过程中，施工人员要注意降低施工产生的噪声、灰尘等，保证周围的环境不会受到过多影响。绿色施工技术在我国土木工程建设中占有重要地位，对我国土木工程的发展具有很大的推动作用。绿色施工技术的应用，有利于土木工程施工更好地实现节约能源、减少污染的目标。

土木工程施工技术是土木工程的重要组成部分，尤其是在新时代发展背景下，土木工程发展的内部环境和外部环境都有了巨大的变化，土木工程建设整体上呈现出系统化的特征。所以，建筑工程企业一定要不断创新施工技术，提高土木工程施工技术的生态化、科技化、绿色化水平，促进行业的转型升级和高质量发展，从而使自身更好地适应社会市场竞争，为实现可持续发展奠定坚实基础。

第二章　地基与基础工程施工技术

第一节　地基处理

　　近年来，在我国经济发展进程中，建筑业蓬勃发展。一些建筑不可避免地建在软土层上，然而，由于软土具有孔隙密度比大、天然含水量高、压缩性强、承载力低等特点，在地基填土和建筑自重作用下，建筑会出现不均匀沉降、渗流等地基问题。当天然地基不能满足建筑要求时，需要采用合适的地基处理技术，形成人工地基，以满足土木工程施工对地基的各种要求，保证建筑的安全与正常使用。

　　软弱地基是由淤泥、淤泥质土、杂填土、冲填土或者其他高压缩性土层形成的地基，这些地基基本上很少受到地质变动的影响，也没有受到地震、荷载等物理作用的影响，更没有受到土颗粒间化学作用的影响。软弱地基是一种不良地基，其稳定性差、强度较低、压缩性较高，容易出现沉降量现象。因此，在工程建设过程中，设计人员与施工人员要充分考虑地基的变形等问题。对于软弱地基，要采用一定的措施进行处理，提高地基的稳定性，避免地基出现沉降和不均匀下降现象。

一、地基处理的原因及作用

　　当天然地基可能出现下述问题时，都必须对地基土采用适当的加固或改良措施，提高地基土的承载力，保证地基稳定，避免出现下陷和不均匀沉降现象：

第一，当地基的抗剪强度不能承担上部结构的自重及外荷载时，地基会出现局部或整体剪切破坏现象。

第二，压缩及不均匀沉降问题。当地基在上部结构的自重及外荷载作用下产生过大的变形时，会影响其上部结构的正常使用。沉降量较大时，不均匀沉降也比较大；当超过结构所能容许的不均匀沉降量时，结构可能出现开裂的情况。

第三，地下水流失及流砂和管涌问题。

第四，动力荷载作用下土的液化、失稳和震陷问题。

地基处理的目的是对地基土体进行改良和加固，增加地基的强度和稳定性，减少地基变形等。

地基处理的作用主要有：①提高地基的抗剪切强度和承载能力；②降低地基的压缩性；③改善地基的透水特性；④改善地基的动力特性，提高地基的抗震性能；⑤改善特殊岩土地基的不良工程特性。

二、地基处理的方法

常用的地基处理方法有：换填垫层法、强夯法和强夯置换法、挤密桩法、振冲法、水泥土搅拌法、高压喷射注浆法、预压法、夯实水泥土桩法、石灰桩法、柱锤冲扩桩法、单液硅化法和碱液法等。

（一）换填垫层法

换填垫层法适用于浅层软弱土层及不均匀土层的地基处理。其主要作用是提高地基承载力，减少沉降量，加速软弱土层的排水固结，防止冻胀和消除膨胀土的胀缩。

在运用换填垫层法时，相关人员应根据建筑体型、结构特点、荷载性质、场地土质条件、施工机械设备及填料性质和来源等，综合分析后，进行换填垫层设计，并选择合适的施工方法。对于工程量较大的换填垫层，应根据所选用的施工机械、换填材料，以及场地的土质条件，进行现场试验，确定换填垫层压实效果。

垫层材料包括砂石、灰土、粉质黏土、粉煤灰、矿渣等。垫层厚度应根据需置换软弱土层的深度或下卧土层的承载力来确定，并根据不同的垫层材料，选择合适的施工机械。

（二）强夯法和强夯置换法

强夯法适用于处理碎石土、砂土、低饱和度的粉土与黏性土、湿陷性黄土、杂填土和素填土等地基。强夯置换法适用于高饱和度的粉土、呈软塑～流塑状态的黏性土等地基上对变形控制不严的工程，在设计前必须通过现场试验确定强夯置换的适用性和处理效果。

强夯法和强夯置换法主要用来提高土的强度，降低压缩性，提高土体抵抗振动液化的能力，消除土的湿陷性。

（三）挤密桩法

挤密桩法指的是先将带桩靴的工具式桩管打入土中，挤压土壤形成桩孔，然后拔出桩管，在桩孔中灌入砂石、石灰、素土、灰土等填充料进行捣实，或者随着填充材料的灌入逐渐拔出桩管。这种方法适用于加固松软饱和土地基，原理是挤密土壤、排水固结，以提高地基的承载力。桩体的填充料是水泥、石屑、碎石、粉煤灰和水的拌和物，是一种低强度混凝土桩。挤密桩法具有较好的技术性能，不但能提高地基的承载力，还可以将荷载传递到深层地基中。

根据桩体填充材料的不同，挤密桩法主要分为砂石桩法、水泥粉煤灰碎石桩法、灰土挤密桩法和土挤密桩法。

1.砂石桩法

砂石桩法适用于挤密松散砂土、粉土、黏性土、素填土、杂填土等地基，提高地基的承载力，降低压缩性，也可用于处理可液化地基。对于饱和黏土地基上变形控制不严的工程，也可采用砂石桩法处理地基，使砂石桩与软黏土构成复合地基，加速软土的排水固结，提高地基承载力。

2.水泥粉煤灰碎石桩法

水泥粉煤灰碎石桩法适用于处理黏性土、粉土、砂土和已自重固结的素填土等地基。对淤泥质土应根据地区经验或通过现场试验确定其适用性。基础和桩顶之间需设置一定厚度的褥垫层，保证桩、土共同承担荷载，形成复合地基。水泥粉煤灰碎石桩法适用于条形基础、独立基础、筏形基础的处理，可用来提高地基承载力和减少变形。

3.灰土挤密桩法和土挤密桩法

灰土挤密桩法和土挤密桩法适用于处理地下水位以上的湿陷性黄土、素填土和杂填土等地基。当以消除地基土的湿陷性为主要目的时，宜采用土挤密桩法；当以提高地基土的承载力或增强其水稳定性为主要目的时，宜采用灰土挤密桩法。

（四）振冲法

振冲法适用于处理砂土、粉土、粉质黏土、素填土和杂填土等地基，分为加填料振冲法和不加填料振冲法两种。对于大型的、重要的或场地地层复杂的工程，应在施工前通过现场试验确定其适用性。不加填料振冲法适用于处理黏粒含量不大于 10%的中砂、粗砂地基。加填料振冲法通常也被称为振冲碎石桩法，通过添加碎石等填料形成密实桩，主要用于细颗粒的黏性土加固，从而提高地基承载力，减少地基沉降量，还可用来提高土坡的抗滑稳定性或提高土体的抗剪强度。

（五）水泥土搅拌法

水泥土搅拌法适用于处理正常固结的淤泥、淤泥质土、黏性土、粉土、饱和黄土、素填土等地基。若用于处理泥炭土、塑性指数大于 25 的黏土、地下水具有腐蚀性，以及有机质含量较高的地基，则必须通过现场试验确定其适用性。当地基的天然含水量小于 30%（黄土含水量小于 25%）、大于 70% 或地下水的 pH 值小于 4 时，不宜采用该法。

水泥土搅拌法分为浆液深层搅拌法（简称湿法）和粉体喷搅法（简称干法）。湿法是将水泥浆液注入土体，通过搅拌，使水泥浆液与土体充分混合，形成具有一定强度和稳定性的加固土体。干法则是将水泥粉直接喷入土体，通过搅拌，将水泥粉与土体混合，形成加固土体。水泥土搅拌法不仅可以提高地基的承载力，降低地基土的压缩性，还能在一定程度上改善地基的透水特性。连续搭接的水泥搅拌桩可作为基坑的止水帷幕，受搅拌能力的限制，该法在地基承载力大于 140 kPa 的黏性土和粉土地基中应用有一定难度。

（六）高压喷射注浆法

高压喷射注浆法适用于处理淤泥、淤泥质土、黏性土、粉土、砂土、碎石土等地基。当地基中含有较多的大粒径块石、大量植物根茎或有机质含量较高时，应根据现场试验结果确定其适用性。对于出现地下水流速度过快、喷射浆液无法在注浆套管周围凝固等情况的地基，不宜采用该法。

（七）预压法

预压法主要用来解决地基的沉降及稳定问题，适用于淤泥、淤泥质土、冲填土等饱和黏性土地基的处理。根据预压方法的不同，预压法可以分为堆载预压法和真空预压法。

堆载预压法又分为竖向排水预压法和天然地基堆载预压法两种。当软土层厚度小于 4 m 时，可采用天然地基堆载预压法；当软土层厚度超过 4 m 时，应采用竖向排水预压法。

真空预压法是将大气压力作为预压荷载，无须堆载加荷。它是在地基表面砂垫层上覆盖一层不透气的塑料薄膜或橡胶布，四周密封，与大气隔绝，然后用真空设施进行抽气，使土中孔隙水产生负压力，将土中的水和空气逐渐吸出，从而使土体固结。为了加速排水固结，也可以在加固部位设置普通砂井、袋装砂井或塑料排水带等竖向排水系统。

（八）夯实水泥土桩法

夯实水泥土桩法适用于处理地下水位以上的粉土、素填土、杂填土、黏性土等地基。岩土工程勘查应查明土层厚度、含水量、有机质含量等，对重要工程或在缺乏经验的地区，施工前应按设计要求，选择地质条件有代表性的地段进行试验性施工。

（九）石灰桩法

石灰桩法适用于处理饱和黏性土、淤泥、淤泥质土、杂填土和素填土等地基。用于地下水位以上的土层时，可采取减少生石灰用量、增加掺合料含水量的方法增强桩身强度。

（十）柱锤冲扩桩法

柱锤冲扩桩法适用于处理地下水位以上的杂填土、粉土、黏性土、素填土和黄土等地基，对地下水位以下的饱和松软土层，应通过现场试验确定其适用性。对大型的、重要的或地质条件复杂的工程，正式施工前应按设计要求，选择地质条件有代表性的地段进行试验性施工。

（十一）单液硅化法和碱液法

单液硅化法和碱液法适用于处理地下水位以上渗透系数为 0.1～2 m/d 的湿陷性黄土等地基。在自重湿陷性黄土场地，对Ⅱ级湿陷性黄土地基，应通过试验确定碱液法的适用性。

三、选择地基处理方法应考虑的因素

在进行地基处理设计时，设计人员应考虑上部结构、基础和地基的共同作用，必要时应采取有效措施，加强上部结构的刚度和强度，以增强建筑物对地基不均匀变形的适应能力。对已选定的地基处理方法，应根据建筑物地基基础设计具体施工流程，选择代表性场地进行相应的现场试验，并进行必要的测试，以检验设计参数和加固效果，同时为施工质量检验提供相关依据。

地基处理方法的选择，应遵循确保工程质量、经济合理和技术先进的原则。具体应重点考虑以下因素：

（一）地质条件

相关人员通过工程地质勘查，调查建筑物场地的地形地貌，查明地质条件，包括岩土的性质、成因类型、地质年代、厚度和分布范围。对于岩层，还应明确风化程度，调查天然地基的地质构造，查明水文及工程地质条件，确定有无不良地质现象，如滑坡、崩塌、岩溶、土洞、冲沟、泥石流、岸边冲刷及渗透变形等。

（二）设计施工条件

在进行工程设计时，设计人员应考虑工期及用料情况，工期不宜安排得太紧，在时间有限或资源有限的情况下，如果个别路堤的处理不影响总体施工效果，可适当不进行地基处理。施工时，确保地基稳定性良好，且尽可能减少工程遗留问题是至关重要的。同时，工程用料的选择要遵循就地取材的原则，以降低成本并提高施工效率。

（三）场地环境条件

在选择地基处理方法时，要考虑施工对周围环境的影响。例如：新填土会挤压原有道路、房屋，产生侧向位移或附加沉降；用砂桩法和砂井法处理地基时会产生噪声，若施工场地靠近居民点，会产生噪声扰民问题；若采用的地基处理方法需要降低水位，则要考虑周围地基的下沉问题，以及对周围居民用水的影响，故应预先做隔水墙，并考虑施工后注水复原的问题；采用换填垫层法或堆载预压法处理地基时，施工场地会有大量的土料运进和运出，影响交通和环境卫生；采用石灰桩法或高压喷射注浆法处理地基时，可能会污染周围地下水，应慎重对待，采取相应的措施减少污染。

第二节　桩基础施工技术

桩基础是土木工程通常采用的深基础形式，它由桩和承台（一般是低承台）组成。单就施工方法而言，桩基础可以分为预制桩和灌注桩两大类。

预制桩是在工厂或施工现场预制，然后运至桩位处，经锤击、静压、振动或水冲等工艺，沉入土中就位的桩体。灌注桩是直接在设计桩位成孔，然后在孔内放入钢筋笼、灌注混凝土而成的桩体。在具体的工程施工中，一般根据土层情况、周边环境状况，以及上部荷载大小等，确定桩型与施工方法。

一、桩基础的类型与特点

（一）预制桩

1.预制桩的类型

预制桩包括钢筋混凝土桩、木桩或钢桩等，桩基础中多采用钢筋混凝土桩。钢筋混凝土桩又可分为普通钢筋混凝土桩、预应力钢筋混凝土桩、锥形钢筋混凝土桩、螺旋形钢筋混凝土桩。

（1）普通钢筋混凝土桩

普通钢筋混凝土桩是一种传统桩型，其截面多为方形，这种预制桩适宜在工厂预制，并以高温蒸汽的方式进行养护。高温蒸汽养护能够加快混凝土强度增加的速度，但在高温条件下，由于热损伤的影响，后期强度的增加速度会相对较慢。因此，高温蒸汽养护后达到设计强度的普通钢筋混凝土桩，一般仍需放置一个月左右，让其碳化后再使用。

（2）预应力钢筋混凝土桩

预应力钢筋混凝土桩是在制桩前，对桩身主筋施加预拉应力，成桩后，混凝土受预拉应力，可以提高起吊时桩身的抗弯能力和沉桩时桩身的抗冲击能力，从而改善抗裂性能，节约钢材。预应力钢筋混凝土桩具有强度高、抗裂性能好、耐久性好、能承受强烈锤击、成本低等优点，所以各国在工程施工中都逐步将普通钢筋混凝土桩替换为预应力钢筋混凝土桩。

（3）锥形钢筋混凝土桩

相比传统的等截面桩，锥形钢筋混凝土桩在沉桩过程中能起到更多的对土的挤密效应，并可利用锥面增加桩的侧面摩阻力，从而提高承载力。在桩身体积相同的条件下，锥形钢筋混凝土桩的承载力可比等截面桩提高 1~2 倍，沉降量也有所降低。锥形钢筋混凝土桩一般长度较小，多用于非饱和填土等软弱土层不太厚的施工场地。

（4）螺旋形钢筋混凝土桩

螺旋形钢筋混凝土桩通过施加扭矩，旋转置入土中，因而可避免冲击沉桩产生的噪声和振动污染。同时，螺旋叶片的使用可提高桩侧阻力和桩端阻力。当硬持力层较浅且上部土层很软时，可只在桩端部分设计螺旋叶片，这种螺旋叶片可用铸铁制成，通过销子与钢筋混凝土桩管连接，或将铸铁叶片装在预制混凝土圆柱上。

2.预制桩的特点

总体来说，预制桩具有以下特点：

第一，不易穿透较厚的砂土等坚硬地层（除非采用预钻孔、射水等辅助沉桩措施），只能进入砂、砾、硬黏土、强风化岩层等坚实持力层不厚的地层。

第二，沉桩方法一般采用锤击，由此会产生一定的振动和噪声污染，并且沉桩过程会产生挤土效应，特别是在饱和软黏土地区，沉桩可能导致周围建筑物、道路和管线等受到损坏。

第三，预制桩打入松散的粉土、砂、砾层中，由于桩周和桩端土受到挤密，桩侧摩阻力和桩端阻力会提高。基土的原始密度越低，承载力的提高幅度越大。当建筑场地有较厚砂、砾土层时，一般应将该砂、砾土层作为持力层，将桩打入持力层，以大幅度提高承载力。

第四，出于对单桩在荷载作用下的强度和稳定性的考虑，为了确保地基土和桩本身的强度和稳定性能，使变形在容许范围内，以保证建筑物的正常使用，预制桩的单桩设计承载力一般不超过 3 000 kN。

第五，由于桩的贯入能力受多种因素影响，因而常常出现贯入度达到停锤标准而标高没有达到设计标高而截桩的情况，造成浪费。

第六，预制桩由于承受运输、起吊、打击应力，因此需要配置较多的钢筋，混凝土标号也要相应提高，因此其造价往往高于灌注桩。

（二）灌注桩

1.灌注桩的类型

根据灌注桩的成桩过程、桩土的相互影响特点，可将灌注桩分为三种基本类型：非挤土灌注桩、部分挤土灌注桩、挤土灌注桩。

（1）非挤土灌注桩

非挤土灌注桩主要包括用干作业法、泥浆护壁法、套管护壁法施工的灌注桩。在制作非挤土灌注桩的过程中不会挤压周围的土壤，因此对周围环境的影响较小。

（2）部分挤土灌注桩

部分挤土灌注桩包括用冲击成孔法、钻孔压注法施工的灌注桩等。这些桩在施工过程中会对周围土壤产生一定程度的挤压。

（3）挤土灌注桩

挤土灌注桩包括用沉管法、爆扩法施工的灌注桩等。这些桩在施工过程中会对周围土壤产生较大的挤压，有时甚至会导致土壤隆起。

2.灌注桩的特点

（1）适应性强

灌注桩可以适应软土、硬土等各种复杂的地质条件。

（2）承载力较高

通过合理的设计和施工，灌注桩可以获得较高的承载力，能够满足各种建筑物对地基的要求。

（3）稳定性好

灌注桩深入地下，能够提供稳定的支撑，从而减少建筑物的不均匀沉降和侧移。

（4）施工方便

相比预制桩，灌注桩施工时可以根据施工现场的具体情况进行调整，方便快捷。

（5）成本较低

相比预制桩，灌注桩的成本较低，能够降低建筑物的整体造价。

二、主要的桩基础施工方法

（一）钻斗钻成孔法

钻斗钻成孔法是利用钻探机械进行灌注桩施工的方法，具体施工时，利用钻杆和钻斗的旋转及重力使土屑进入钻斗，土屑装满钻斗后，利用钻斗出土，这样通过钻斗的旋转、削土和出土，多次反复可以成孔。

钻斗钻成孔法的优点在于：振动小、噪声低；适合在黏性土中运用干作业法钻成孔；钻机安装简单，桩位对中容易；在施工场地内移动方便；钻进速度较快；工程造价较低；工地边界到桩中心距离较近。

该方法的不足之处在于：卵石粒径超过 100 mm 时，钻进困难；稳定液管理不适当时，会产生坍孔；土层中有强承压水时，施工困难；废泥水处理困难；沉渣处理较困难，需用清渣钻斗。

钻斗钻成孔法灌注桩适用范围较广，适用于填土层、黏土层、粉土层、淤泥层、砂土层，以及短螺旋不易钻进的含有部分卵石的地层。采用特殊措施，还可嵌入岩层。

钻斗钻成孔法灌注桩的施工程序为：首先，安装钻机；钻头着地钻孔，利用钻头自重并加液压作为钻进压力；当钻头内装满土、砂后，将之提升上来，开始灌水；旋转钻机，将钻头中的土倾卸到翻斗车上；关闭钻头的活门，将钻头转回钻进点，并将旋转体的上部固定；降落钻头；埋置导向护筒，灌入稳定液，如果在桩孔范围内的土层都是黏性土，则可不必灌水或灌入稳定液，可直接钻进；将侧面铰刀安装在钻头内侧，开始钻进；钻孔完成后，用清底钻头对孔底沉渣进行第一次处理并测定深度；测定孔壁；插入钢筋；插入导管；第二次处理孔底沉渣；水下灌注混凝土，边灌边拔导管，混凝土全部灌注完毕后，拔出导管；拔出导向护筒成桩。

在施工过程中应注意的施工要点为：确保稳定液的质量；设置表层护筒至少高出地面 300 mm；为防止钻斗内的土、砂掉落到孔内而改变稳定液性质或沉淀到孔底，斗底活门在钻进过程中应保持关闭状态；必须控制钻斗在孔内的升降速度，如果升降速度过快，水流将会以较快的速度从钻斗外侧与孔壁之间的空隙中流过，冲刷孔壁；为防止孔壁坍塌，应确保孔内最高水位高出地下水位 2 m 以上；根据钻孔阻力大小考虑必要的扭矩，来决定钻斗的合适转数；第一次对孔底沉渣进行处理，应在钢筋笼插入孔内前进行，一般采用清底钻头，如果沉淀时间较长，则应采用水泵进行浊水循环；第二次对孔底沉渣进行处理，应在混凝土灌注前进行，通常采用泵升法，此法较简单，即利用灌注导管，在其顶部接上专用接头，然后用抽水泵进行反循环排渣。

（二）偏心块式振动法

偏心块式振动法是采用偏心块式电动或液压振动锤进行沉桩的施工方法，这种方法通过电力或液压驱动，使两组偏心块以相同速度相向旋转，横向偏心力相互抵消，而竖向离心力则叠加，使桩产生竖向的上下振动，促使桩及桩周土体处于强迫振动状态，从而使桩周土体强度显著降低和桩端处土体被挤开，桩侧摩阻力和桩端阻力大大减小，在桩锤与桩体自重作用，以及桩锤激振力作用下，桩克服惯性阻力而逐渐沉入土中。

偏心块式振动法沉桩有以下优点：操作简便，沉桩效率高；沉桩时桩的横向位移和变形均较小，不易损坏桩体；产生的噪声低；管理方便，施工适应性强；在软弱地基中沉桩迅速。

偏心块式振动法的不足之处在于：振动锤构造较复杂，维修较困难；电动振动锤耗电量大，需要准备大型供电设备；液压振动锤费用昂贵；地基受振动影响大，遇到硬夹层时穿透困难。

偏心块式振动法沉桩的施工要点为：

第一，沉桩时，如发现桩端持力层上部有厚度超过 1 m 的细砂、粉砂和粉土等硬夹层，则可能会出现沉入时间过长或桩无法穿透的现象，此时应会同设计部门共同研究，采取合理的措施。

第二，桩帽或夹桩器必须夹紧桩顶，以免滑动，影响沉桩效率，甚至损坏机具或发生事故。

第三，桩架应保持竖直、平正，桩架顶滑轮、振动箱和桩纵轴必须在同一垂直线上。

第四，沉桩时如发现下沉速度突然变慢，此时桩端可能遇上硬土层，应停止下沉，将桩提升 0.5～1.0 m 后重新快速振动冲下，以利于穿透硬夹层，继续下沉。

第五，沉桩时，应控制振动锤连续作业时间，以免动力源烧损。

三、桩基础施工中的问题及解决方法

（一）桩基础施工中的问题

桩基础施工过程中可能出现的问题包括：桩沉入的深度不足；桩沉入后倾斜度过大，导致单桩的承载力下降；有些施工工艺需要分段预制，再沉入基础，而各段预制桩之间用钢制焊接连接件做接头，容易出现桩接头断离现象；锤击的次数过多、锤击过重，或者设计贯入度过小，都可能导致灌注桩出现断裂现象。

（二）解决方法

第一，当出现桩入土深度不足的现象时，可采用补桩法。先钻孔，再植桩，然后沉桩。这种方法通常在桩基承台或者地下室完成后进行补桩，不仅可以利用承台或者地下室结构承受的压桩的施工反力，而且操作简单。

第二，当打入桩采用分节连接时，沉入的质量差的接桩可能导致连接节点脱开，此时可以采取送补结合打桩的方法，对有质量问题的桩进行复打，使其下沉，然后把松开的接头再顶紧，使其具有竖向的承载力；还可以适当补一些完整的桩，这样不仅可以补足整个桩基础竖向承载力，而且补打的整桩完全可以承受地震的荷载。此外，对于基坑开挖造成桩身倾斜，但桩的长度比较短且没有断的情况，可以采取将地基局部开挖，再用千斤顶进行纠偏复位的处理方法。

第三，当单桩承载能力不能达到设计要求时，就需要扩大桩基承台的承载能力，并且考虑使桩和地基共同承担上部结构的荷载；为防止桩基础质量不均匀而引起独立承台发生不均匀沉降，降低建筑结构的抗震能力，可以采用将独立的桩基承台连成一个整体的方法，从而提高基础的整体性和抗震能力。

第四，在预制桩施工过程中遇到比较厚的密实粉砂或者粉土层，或者在沉桩的过程中遇到坚硬的障碍物时，会造成沉桩困难，甚至出现断桩情况。此时，可以采取缩短桩长，增加桩的数量的方法；还可以采取改变沉桩位置，重新沉桩的方法。

四、加强桩基础施工质量的措施

第一，对桩基础的施工过程应进行随时随地的监督管理，认真检查施工现场的人员上岗情况、施工机械情况、建筑材料准备情况，以及是否按照施工方案进行施工；对于基础工程建设施工中的混凝土的搅拌、配比和浇注质量等施工工艺，也要认真检查；检查灌注桩导管时，一定要进行水密、承压和接头抗拉的检测试验。

第二，在灌注施工前，应检查孔内的泥浆性能指标，以及孔底沉渣的厚度。混凝土应该有良好的流动性、黏聚性、保水性，要具有良好的抗离析能力，这样才能真正保证桩身混凝土的质量，防止在桩基础施工时出现断桩等问题。在混凝土被运至浇筑地点后，应认真检查其均匀性及坍落度是否符合要求，若不符合要求，应该对其进行二次拌和。二次拌和后仍不符合要求的，应禁止使用。

第三，在施工过程中，为防止钢筋笼上浮，当导管底口低于钢筋笼的底部 2～3 m，并且混凝土的表面在钢筋笼下 1 m 左右的时候，应该放慢混凝土的浇筑速度。当混凝土面上升到骨架底口 4 m 以上时，应该提升导管，使导管底口高于钢筋笼底部 2 m 以上，再恢复正常的灌注速度。

第四，当桩身局部夹杂泥土或者在灌注施工中遇到不良的地质问题时，应该立刻改变施工工艺，连续快速地浇筑，并且提高混凝土的坍落度，防止出现夹泥的情况。

第三节　地下连续墙施工技术

地下连续墙是利用各种挖槽机械，借助泥浆的护壁作用，在地下挖出窄而深的沟槽，并向其中浇注适当的材料而形成一道具有防渗、挡土和承重功能的连续的地下墙体。

一、地下连续墙的优点和应用领域

（一）地下连续墙的优点

1.对环境影响小

地下连续墙施工时振动小，产生的噪声低，不挤土，对环境影响较小，因此适于在城市施工。

2.墙体刚度大

地下连续墙用于基坑开挖时，可承受较大的压力，几乎不会发生地基沉降或塌方事故，已经成为深基坑支护工程中必不可少的挡土结构。

3.可以贴近施工

施工时，可以紧贴原有建筑物建造地下连续墙。

4.可用逆作法施工

地下连续墙的墙体刚度大，易于设置预埋件，适合用逆作法施工。

5.适用于多种地基条件

地下连续墙可以适应不同的地基条件，在软弱的冲积地层、中硬的地层、密实的砂砾层，以及各种软岩和硬岩等地基条件下都可以建造地下连续墙。

6.占地少

地下连续墙施工可以充分利用建筑红线以内有限的土地面积和空间，充分提高投资效益。

（二）地下连续墙的应用领域

地下连续墙的应用领域主要包括：水利水电、露天矿山、尾矿坝（池）、码头、堤岸和环保工程的防渗墙；地下建筑物、基坑开挖、地质灾害防治等场合的挡土防渗墙；地下油库和仓库的防渗承载墙；等等。

二、地下连续墙施工工艺

（一）挖槽工艺

在进行地下连续墙挖槽施工时，需根据土质条件和现场情况，选择不同的成槽设备。目前施工中常使用的成槽机，按成槽机理可分为抓斗式成槽机、多头潜水钻式成槽机和排桩式成槽机。

1.抓斗式成槽机

在抓斗式成槽机中，液压抓斗式成槽机应用较多，其工作原理是从地表向下开挖成槽。在地下连续墙施工中，液压抓斗式成槽机通过液压系统控制抓斗的开合，从而形成一定宽度和深度的槽形空间。放置钢筋笼和灌注混凝土后，这些槽形空间将形成地下连续墙体。

2.多头潜水钻式成槽机

多头潜水钻式成槽机是无杆钻机，一般由组合多头钻机（由4～5台潜水钻机组成）、机架和底座组成。钻头对称布置、正反向回转，使扭矩相互抵消，旋转切削土体成槽。挖掘出的泥土混在泥浆中，以反循环方式被排出槽外。一次下钻形成有效长度为 1.3～2.0 m 的圆形掘削单元。排泥时采用专用潜水砂石泵或空气吸泥机，不断地将吸泥管内的泥浆排出。下钻时应使吊索处于张力状态，以确保钻机头保持适当压力，引导机头垂直成槽。下钻速度取决于泥渣排出能力和土质硬度，应注意保持下钻速度均匀。

3.排桩式成槽机

每相隔 1 个桩孔单独成孔并浇筑混凝土，然后在两桩之间钻孔并浇筑混凝土（桩相切），完工后连成一排。成孔的设备和方法可采用传统的回转式钻机、冲击式钻机，亦可用比较先进的旋挖斗钻机。

（二）清槽工艺

挖槽结束后，悬浮在泥浆中的颗粒逐渐沉淀到槽底。此外，在挖槽过程中未被排出而残留在槽内的土渣也都堆积在槽底。因此，在挖槽结束后必须清除以沉渣为代表的槽底沉淀物。

清槽的目的是置换槽孔内稠泥浆，清除钻渣和槽底沉淀物，以保证墙体结构功能要求，同时为后续施工程序提供良好的条件。清槽时，一般采用导管吸泥泵法、空气升液法和潜水泵排泥法三种排渣方法。一般操作程序是：钻到设计深度后，停止钻进，使钻头空转 4～6 min，将钻渣碎成细小颗粒，同时用反循环方式抽吸 10 min，使泥浆密度在要求的范围内。

清渣一般在钢筋笼安装前进行。在进行混凝土浇筑前，要测定沉渣厚度，如不符合要求，要再清槽一次。清槽的质量要求是：清槽结束后 1 h，测定槽底沉渣淤积厚度不大于 20 cm；槽底 20 cm 处的泥浆相对密度不大于 1 200 kg/m³。

（三）接头工艺

如何把各单元墙段连接起来，形成一道既防渗止水，又能承受荷载的完整地下连续墙，特殊的接头工艺是关键。

地下连续墙的接头分为两大类：施工接头和结构接头。

施工接头是浇筑地下连续墙时横向连接两相邻单元墙段的接头，它使地下连续墙成为一道完整的连续墙体，因此，对连接部位的要求是既防渗止水，又能承受荷载，同时要便于施工。

施工接头的种类有很多，例如接头管式接头，又称锁口管接头，是当前地下连续墙施工中应用最多的一种施工接头。施工时，一个单元槽段土方挖好后，在槽段的端部用吊车放入接头管；然后吊放钢筋笼并浇筑混凝土；待混凝土强度达到一定数值时，开始用吊车或液压顶升机提拔接头管，上拔速度应与混凝土浇筑速度、混凝土强度增加速度相适应；在混凝土浇筑结束后 8 h 以内将接头管全部拔出。接头管拔出后，单元槽段的端部形成半圆形，继续施工即形成相邻两单元槽段的接头，它可以增强墙体的整体性和防渗能力。

接头管式接头的优点是接头刚性较大，可以承受较大的剪力，而且渗径较长，抗渗性能较好。缺点是接头管必须拔出，施工复杂，拔出时机难以掌握。

结构接头是将已竣工的地下连续墙在水平方向与其他构件（如楼、板、柱、梁等）连接的接头。地下连续墙作为主体结构时，其与内部其他构件进行连接，为保证地下结构的整体性，必须采用钢筋进行刚性连接，钢筋的连接可以用以下方式：

①预埋钢筋方式，即把预埋钢筋处的墙面混凝土凿掉，露出预埋的钢筋，通过搭接方式与内部结构钢筋连接，连接钢筋直径应小于 22 mm。

②预埋钢板方式，即把预埋在钢筋笼上的钢板凿出来，使钢板与内部结构中的钢筋连在一起，从而使地下连续墙与内部结构连成一体。

③预埋剪力连接件，即把预埋在钢筋笼上的剪力连接件凿露出来，通过

焊接的方式加以连接。施工中为保证混凝土易于流动，剪力连接件形状越简单越好，但承压面积要大。

（四）钢筋笼制作工艺

首先，钢筋材质、规格、根数应符合设计要求。其次，钢筋笼加工一般在工厂平台上放样成型，以保证钢筋笼的几何尺寸和相对位置正确，外形平直规则。在制作平台上，根据钢筋笼设计图纸的钢筋长度和排列间距从下到上，按"横筋—纵筋—桁架—纵筋—横筋"顺序铺设钢筋，钢筋交叉点采用焊接成型。

（五）混凝土灌注工艺

混凝土的配合比应按设计要求的强度等级，由具有法定资格的试验室做配合比试验，并出具报告书，报告书应包含设计依据、计算过程、试配结果、调整说明等，以确保混凝土的生产和质量控制在预期范围内。配制混凝土的骨料宜选用中、粗砂及粒径不大于 40 mm 的卵石或碎石。水泥宜采用普通硅酸盐水泥或矿渣硅酸盐水泥，可根据需要掺外加剂。

对于永久性结构的地下连续墙，接头管和钢筋笼沉放后，应进行二次清孔，再检查一次沉渣厚度和泥浆密度，沉渣厚度和泥浆密度符合要求后，应在 4 h 以内浇筑混凝土，若超时则应重新清孔。

（六）墙段接头处理工艺

地下连续墙支护体系由许多墙段连接形成，为保持墙段之间的连续施工，往往要在接茬处采用锁口管工艺。灌注混凝土前，在槽段的端部预插一根直径和槽宽相等的钢管作为锁口管，待混凝土初凝后，将钢管拔出，形成半凹榫状接缝，或者设置刚性接头，使前后两个墙段形成整体。

三、地下连续墙的施工技术控制要点

（一）槽壁坍塌的预防措施

第一，成槽机在进行成槽施工时，履带下面应铺设路基钢板，减少对地面的压强，相应地，减少对槽壁的影响。

第二，在成槽施工过程中，抓斗的掘进应遵循"轻提慢放、严禁蛮抓"的原则。

第三，施工中防止泥浆漏失并及时补浆，使液位高度始终维持在稳定槽段所需的液位高度。

第四，定期检查泥浆质量，及时调整泥浆指标。

第五，在雨天，地下水位上升时，应及时加大泥浆比重和黏度，雨量较大时应暂停成槽，并封盖槽口。

第六，及时拦截施工过程中发现的通至槽内的地下水流。

第七，槽段的施工应做到紧凑、连续，把好每一道工序质量关。

（二）垂直度控制及预防措施

第一，成槽过程中利用经纬仪和成槽机的显示仪进行垂直度跟踪观测，用水平仪校正成槽机的水平度。用经纬仪控制成槽机导板抓斗的垂直度，严格做到随挖、随测、随纠。

第二，合理安排每个槽段中的挖槽顺序，使抓斗两侧的阻力保持均衡。

第三，消除成槽设备的垂直度偏差。根据成槽机的仪表控制垂直度，成槽结束后，利用超声波监测仪检测垂直度，如果发现垂直度没有达到设计和规范要求，及时进行修正，确保工程质量。

（三）地下墙渗漏水的预防措施

第一，施工时，槽段接头处必须保持清洁，不能有淤泥。

第二，接头箱位置发生坍塌时，应先清淤，后吊放钢筋笼，并在十字钢板外侧用碎石填充，防止混凝土在浇注过程中发生绕流现象，影响接头箱起拔及下一段槽段成槽施工。

第三，严格控制导管埋入混凝土的深度，避免发生导管拔空现象。

第四，施工人员必须对混凝土搅拌站提供的混凝土配单进行审核，保证供应的混凝土的质量。

第五，开挖后如果发现接头有渗漏现象，应立即堵漏。

地下连续墙特别适用于施工环境差、对变形控制要求高的深基坑工程。随着城市建设的深入开展，尤其是城市轨道交通的快速发展，地下连续墙技术向高精度方向发展。因此，研究地下连续墙施工技术对指导土木工程施工具有重要意义。

第四节　深基坑工程施工技术

一、深基坑工程的主要内容

（一）岩土工程勘查与工程调查

确定岩土参数与地下水参数；测定邻近建筑物、周围地下埋设物（管道、电缆、光缆等）、城市道路等工程设施的工作现状，并对其随地层位移的限值进行分析。

（二）支护结构设计

支护结构设计包括挡土墙围护结构（如连续墙、柱列式挡土墙）、支承体系（如内支撑、锚杆），以及土体加固等。支护结构的设计必须与深基坑工程的施工方案紧密结合，需要考虑的因素包括：土体和地下水状况，四周环境安全所允许的地层变形限值，可提供的施工设施与施工场地，工期与造价等。

（三）基坑开挖与支护的施工

基坑开挖与支护的施工包括土方工程和工程的施工组织设计与实施等。这一阶段是深基坑工程的核心，涉及具体的施工方法和技巧。

（四）地层位移预测与周边工程保护

地层位移既受土体和支护结构的性能与地下水变化的影响，也受施工工序和施工过程的影响。当预测的变形超过允许值时，应修改支护结构设计与施工方案，必要时要对周边的重要工程设施采取专门的保护或加固措施。

（五）施工现场监测与指导

根据监测的数据和信息，进行反馈设计，指导下一步施工。

二、深基坑支护的类型

修筑各种建筑物与埋设地下管线都要开挖基坑，一些基坑可直接开挖或放坡开挖，但在基坑较深，周围场地又不宽的情况下，一般采用深基坑支护技术。

根据功能的不同，深基坑支护一般可以分为挡土系统、挡水系统和支撑系统。

挡土系统中常用的有钢板桩、钢筋混凝土板桩、深层水泥搅拌桩、钻孔灌注桩、地下连续墙。其功能是形成支护排桩或支护挡土墙，阻挡外部土壤压力。

挡水系统中常用的有深层水泥搅拌桩、旋喷桩、压密注浆、地下连续墙、锁口钢板桩。其功能是阻挡坑外渗水。

支撑系统中常用的有钢管与型钢内支撑、钢筋混凝土内支撑、钢与钢筋混凝土组合支撑。其功能是支承围护结构侧力，限制围护结构位移。

以下是对常见深基坑支护类型的分析：

（一）钢板桩支护

钢板桩由带锁口或钳口的热轧型钢制成，把这种钢板桩互相连接就形成了钢板桩墙，可用于挡土和挡水。目前，常见的钢板桩截面形式有 U 形、Z 形和直腹板型。钢板桩施工简单，因此应用范围较广。但是钢板桩的施工可能引起相邻地基的变形，产生噪声，对周围环境影响较大，因此在人口密集、建筑物密度的地区，使用钢板桩常常会受到限制。

此外，钢板桩本身柔性较大，如支撑或锚拉系统设置不当，钢板桩变形程度会很大，所以当基坑支护深度大于 7 m 时，不宜采用钢板桩支护。同时，由于钢板桩在地下室施工结束后需要拔出，因此应考虑拔出时对周围地基土和地表土的影响。

（二）深层搅拌支护

深层搅拌支护是将水泥作为固化剂，采用机械搅拌的方法，将固化剂和软土剂强制拌和，使固化剂和软土剂之间产生一系列物理和化学反应而逐步硬化，形成具有整体性、水稳定性和一定强度的水泥土桩墙，作为支护结构。深层搅拌支护适用于淤泥、淤泥质土、黏土、粉质黏土、粉土、素填土等土层，基坑开挖深度不宜大于 6 m。

（三）排桩支护

排桩支护是指柱列式间隔布置钢筋混凝土挖孔桩、钻（冲）孔灌注桩，作为主要挡土结构的一种支护形式。柱列式间隔布置的形式包括桩与桩之间有一定净距的疏排布置形式和桩与桩相切的密排布置形式。柱列式灌注桩作为挡土围护结构有很好的刚度，但各桩之间的联系较弱，因此必须在桩顶浇注较大截面的钢筋混凝土帽梁，从而实现可靠连接。

为了防止地下水夹带土体颗粒从桩间孔隙流入坑内，应同时在桩间或桩背采用高压注浆，设置深层搅拌桩、旋喷桩等措施，或在桩后专门构筑防水帷幕。灌注桩施工简便，可用机械钻（冲）孔或人工挖孔，施工中不需要大型机械，且无打入桩的噪声，也不会振动和挤压周围土体，危害较小。

排桩支护可分为悬臂式和支锚式，而支锚式又分单点支锚和多点支锚。大多数情况下，悬臂式排桩支护适用于安全等级为三级的基坑支护工程，支锚式排桩支护适用于安全等级为一级和二级的基坑支护工程。在软土地区，为降低排桩的变形，可以在基坑底沿灌注桩周边或部分区域采用复合支护技术，例如用水泥搅拌桩或注浆进行被动区加固，以提高被动区的抗力，减少支护结构的变形。

（四）地下连续墙支护

地下连续墙具有整体刚度大的特点和良好的止水防渗效果，适用于地下水位以下的软黏土和砂土等多种地层条件和复杂的施工环境，在国内外的地下工程中被广泛应用。随着技术的发展和施工方法的改进，地下连续墙不仅可以作为基坑施工时的挡土围护结构，还可以成为拟建主体结构的侧墙，如支撑得当，配合正确的施工方法，可以较好地控制软土地层的变形。但是地下连续墙在坚硬土体中开挖成槽会有较大困难，尤其是遇到岩层时，需要特殊的成槽机具，施工费用较高。

（五）土钉支护

土钉支护是用于土体开挖和边坡稳定的一种新的挡土技术，由于经济、可靠且施工快速简便，得到迅速推广和应用。使用土钉支护要求土体具有临时自稳能力，以便有一定时间做土钉墙。

土钉墙支护施工速度快、用料省、造价低，与其他桩墙支护相比，工期可缩短 50%左右，节约造价 60%左右。此外，土钉支护可以紧贴已有建筑物施工，从而省出桩体或墙体所占用的地面。但从许多工程经验看，土钉墙的破坏均是由于水的作用，水使土钉墙产生软化，造成土钉墙的整体或局部破坏，因此在进行土钉墙支护施工时必须做好降水措施，且土钉墙不宜作为挡水结构。

三、深基坑工程施工技术控制要点

（一）深基坑工程施工的技术控制

深基坑工程施工主要涉及挖土方、挡土方及围护措施等，在施工过程中，相关人员必须对每一个细节进行严格控制，以防影响其他环节或给工程带来不良影响。施工前，相关人员要收集周围的建筑物、构筑物或施工场地等相关信息，并深入分析。对于特殊地质，尤其是软土层，开挖深度不宜过大、挖土速度不宜过快，若挖土太深或速度过快，很容易造成受力失衡，降低土体的整体强度与稳定性，导致土体的大量滑移，既不利于对工程施工的监督与管理，又拖延了施工进度，还可能造成坍塌事故。

（二）深基坑周围的防水与止水处理

深基坑工程施工，通常会选在降水量较少的季节进行。地下水位对工程施工的影响非常大，在地下水位较高的地区，要切实做好防水处理。常见的地下水来源主要有上层滞水、承压水、雨水，以及渗漏的管道内的水等，在深基坑工程施工过程中，要做好排水、防水、止水工作，深入分析地下水的成因，制定处理方案并认真落实。通常采用以堵为主、以抽为辅，两者有机结合的方法，从而防止基坑周围土体的滑落与流失，也减少了上部整体建筑物的不均匀沉降，既缩短了施工所耗费的时间，又降低了施工处理的难度。

（三）深基坑工程施工中的突发事件处理

建筑施工是一个投资大、周期长、投入人力较多的过程，在施工过程中经常会发生突发事件，相关人员要做好应对突发事件的各项专业技术准备。在深基坑工程的施工过程中，突发事件主要有以下几类：基坑内出现管涌或流沙等现象；基坑支护的局部出现明显裂缝与大面积的不均匀沉降；相邻施工段之间的相互影响较严重，如打桩、土方开挖等；地下有障碍物，影响了基坑结构或止水帷幕等的施工。在突发事件发生后，相关人员要及时启动应急预案，并尽快采取相应的解决措施。

四、深基坑工程施工的注意事项

如果基坑周边地下管线较复杂，施工前应查阅有关资料，摸清各管线埋深及线路，有关资料缺失时可采用人工开挖法直接探明，能移位或断开的管线全部移位或断开，对其余管线应在施工时做好加固保护工作。

锚杆施工时应避开桩基础，以免对工程桩造成破坏。对于基坑支护范围内杂填土厚、地下障碍物较多的情况，施工前应准备多种锚杆成孔设备，确保施工质量和工期。施工过程中要加强监测和监管力度，严密观测护坡及原有建筑物的位移及变形情况，确保工程安全。

在施工过程中，施工单位要派专人对基坑周边进行巡视。为了确保基坑周边相邻建筑物的安全，相关人员要根据现场施工情况，遵循"综合考虑、兼顾施工"的原则，在不同地段、针对不同情况分段施工。

五、深基坑工程施工技术的发展趋势

第一，基坑向着大深度、大面积方向发展，周边环境更加复杂，深基坑开挖与支护的难度越来越大。因此，从工期和造价的角度看，逆作法将是深基坑工程施工发展的主要方向。但逆作法施工受到桩承载力的限制，不能采用一柱一桩的方式，而是一柱多桩，增加了施工难度。如何提高单桩承载力，降低沉降，减少中柱桩（中间支承柱）的数量，使上部结构施工速度不受限制，从而加快进度，缩短总工期，将成为今后的研究方向。

第二，土钉支护方法的运用，使喷射混凝土技术得到充分运用和发展。为减少喷射混凝土的回弹量，以及出于保护环境的需要，湿式喷射混凝土将逐步取代干式喷射混凝土。

第三，目前，在有支护的深基坑工程中，基坑开挖大多以人工挖土为主，效率不高，在未来发展中，必须大力研究开发小型、灵活、专用的地下挖土机械，提高施工效率，加快施工进度。

第四，为了减少基坑变形，通过施加预应力控制变形的方法将逐步被推广。另外，采用深层搅拌或注浆技术对基坑底部土体进行加固，也将成为控制基坑变形的有效手段。

第五，为缩小深基坑工程对环境的影响（如因降水引起的地面附加沉降），或出于保护地下水资源的需要，可采用帷幕排水法进行支护。除地下连续墙外，一般采用旋喷桩或深层搅拌桩等构筑止水帷幕。

第六，在软土地区，为避免基坑底部隆起，造成支护结构水平位移加大和邻近建筑物沉降，可采用深层搅拌桩或注浆技术对基坑底部土体进行加固。

第五节　特殊土质地基的处理技术

特殊土质是指以特殊物质成分为主的土体，这些土体在特定的条件下生成，并在特定条件下会出现有别于其他土质的特殊现象。在地基与基础工程施工过程中，特殊土质地基若没有得到有效处理，可能会给建筑物或构筑物带来较为不利的影响。因此，在土木工程建设中，遇到特殊土质地基时，施工人员应采取特殊的方式进行处理。常见的特殊土质地基包括软土地基、湿陷性黄土地基、膨胀性岩土地基、冻土地基、盐渍土地基等。

一、软土地基的处理技术

软土是一种外观以灰色为主的，天然孔隙比大于或等于1，且天然含水率大于或等于液限的细粒土，在我国，软土地基主要分布在沿海地区，内陆平原和山区也局部存在。软土地基具有承载能力低、抗剪强度低、压缩性高的显著特点，因此，软土地基上的建筑物或构筑物容易发生沉降和变形。

处理软土地基的方法有很多，常用的处理办法有桩基法、排水固结法、置换法和搅拌法等。

（一）桩基法

桩基法是在软土地基中打入桩体，用桩体来承担软土地基上部的荷载的方法。桩基法中采用的桩体主要有预制混凝土桩、灌注混凝土桩和钢桩。

（二）排水固结法

排水固结法是指利用荷载作用将软土中的孔隙水慢慢排出，降低软土的孔隙比，从而使地基发生固结变形。同时，随着超静水压力的逐渐消散，土体的抗压、抗剪强度也逐步增加，最终达到提高地基承载力的目的。根据排水和加压系统的不同，排水固结法可分为以下几种：

1.堆载预压法

在建造建筑物之前，通过临时堆积土石等方法对地基加载预压，预先完成部分或大部分的地基沉降，并通过地基的固结，提高地基承载力，然后撤除荷载，再建造建筑物。

2.砂井法

在软土地基中设置一系列的砂井，在砂井上铺设砂垫层或砂沟，增加土层固结排水通道，缩短排水距离，从而加速地基固结。砂井法与堆载预压法联合使用效果更好。

3.真空预压法

相比堆载预压法，真空预压法是以真空造成的负压力来代替临时堆积的荷载。真空预压法与堆载预压法可联合使用，称为真空堆载联合预压法。

4.降低地下水位法

降低地下水位能减小孔隙水压力，促进地基的固结，增强地基的承载能力。

5.电渗法

在土中插入金属电极并通以直流电，就会在电极周围产生电场，由于电场的作用，土中的水会从阳极流向阴极，这种现象被称为电渗。在电渗作用下，将水从阴极排出，又不让水在阳极得到补充，便可逐渐排出土中水，提高地基的承载力。

（三）置换法

置换法是以砂、碎石等材料置换软土地基中的部分软土，形成复合地基，从而提高地基承载力的方法。常用的置换法有开挖置换法和碎石桩法。

开挖置换法是将基础地面下一定深度的软土挖除，然后填充土石料，分层夯实后作为基础持力层，从而提高地基的承载力。

碎石桩法是利用一种能产生水平方向振动的管状机械设备，在高压水流下边振边冲，在地基中成孔，再在孔内分批填入碎石等材料，制成一根根桩体，桩体和原来的软土一起构成复合地基，从而达到提高地基承载力的目的。

（四）搅拌法

搅拌法是在软土地基中掺入水泥、水泥砂浆、石灰等材料，形成加固层，以提高地基承载力，减少沉降量的方法。常用的搅拌法有高压喷射注浆法、深层搅拌法和石灰桩法。其中，石灰桩法是使用机械在软土地基中成孔，填入生石灰并加以搅拌或压实，形成桩体，利用生石灰的吸水、膨胀和放热作用，以及土与石灰的离子交换反应、凝硬反应等作用，改善桩体周围土体的物理力学性质。石灰桩和周围被改良的土体一起形成复合地基，能够大幅提高地基承载力。

二、湿陷性黄土地基的处理技术

湿陷性黄土的颗粒成分主要是粉粒，结构松散，孔隙率较大，容易发生湿陷。同时，黄土一般都是在干旱或半干旱气候条件下形成的，土壤含水量极少，久而久之就会有盐类物质和胶体物质析出，在很大程度上加固了土质结构自身凝聚力，一旦受到水的浸润，原本加固的凝聚力就会土崩瓦解，从而发生湿陷。

采用科学方法处理湿陷性黄土地基，主要目的是进一步提高土壤质量，降低湿陷性黄土地基的压缩性和渗水性。为了确保湿陷性黄土地基的处理效果，提高建筑物的安全性能和使用寿命，必须有针对性地采取有效方法，以满足施工需求。常用的处理方法如下：

（一）强夯法

强夯法也被称为动力固结法，是指利用重锤从高空自由下落时产生的冲击能，对地基进行动力夯击，以达到降低地基土的压缩性，提高地基承载力的目的。强夯法既可以降低湿陷性黄土地基的压缩性，逐渐提高其强度，又能够改善湿陷性黄土抵抗液化的能力，减少地基湿陷。需要注意的是，在运用强夯法的过程中，要详细考察夯击能、时间间隔、夯击间距、地基加固深度，以及夯击次数等内容。其中，地基加固深度为主要设计参数，除了湿陷性黄土本身的土质外，落地高度、锤重等因素，都能在很大程度上影响地基加固深度。

（二）预浸水法

为了更好地处理湿陷性黄土地基的湿陷问题，可以在施工之前用水浸湿地基，使其在自重作用下发生湿陷，产生压密，从而消除湿陷性黄土本身存在的湿陷问题。这种处理方法被称为预浸水法，主要应用于黄土厚度和湿陷性较大的地基，能够起到稳固地基结构的效果。但是，预浸水法会导致地基整体下沉开裂，存在一定程度上的安全隐患，可能发生"跑水"穿洞现象，所以要尽可能在空旷场地对湿陷性黄土地基进行预浸水法处理。

（三）深层搅拌桩法

深层搅拌桩法被广泛应用在湿陷较轻、含水量较高的黄土地基中。干法施工和湿法施工是深层搅拌桩法的两大主要内容，干法施工是以生石灰为固化剂，通过搅拌机械和压缩空气将粉体送入地下进行搅拌成桩，而湿法施工是将搅拌好的水泥浆注入黄土。

深层搅拌桩法的主要工作原理是，利用加入固化材料的水泥，使土壤与空气、水分发生一系列化学反应，形成难以分解的稳固化合物，进而有效增强湿陷性黄土地基的强度和安全性。相比其他处理黄土地基湿陷的方法，深层搅拌桩法不仅施工效率高，而且产生的噪声较小。但是在具体实施过程中，需要根据工程性质和含水情况，合理选择干法施工或湿法施工进行应用。

（四）挤密桩法

挤密桩法是通过在地基中形成密集的桩群，以改善地基的承载力和稳定性，减少地基的湿陷变形的方法，尤其适用于含水量为14%~22%的湿陷性黄土地基，以及一些人工黄土地基。在实际施工前，要结合处理内容和项目工程需要，设计完善的桩孔布置方案，并在桩孔中按要求填好素土或灰土，高效夯实地基，稳固性能。桩孔和桩体之间的相互挤压，可以不断挤密土体，进一步夯实地基。在此期间，不能将直径过粗的砂石，以及透水性相对较强的材料掺杂其中，以免增加不必要的黄土孔隙，从而造成湿陷性危险。对沉管进行捶打，逐渐将土体挤密夯实，能够改变地基本身的湿陷性，提高地基承载能力。

（五）化学加固法

化学加固法主要有碱液加固法和单液硅化法。碱液加固法是指向黄土中注入一定浓度的氢氧化钠溶液，使其与黄土本身的金属阳离子发生化学置换反应，起到加固作用。土壤表面颗粒形成金属化合物，会自主活化进行胶结，以此提高湿陷性黄土地基的强度和抗水性。单液硅化法，是利用压力将浓度和黏性较小的硅酸钠溶液注入土层内部，利用化学反应增加湿陷性黄土的凝结性，发挥加固效果。

需要注意的是，对于地下水位过高，或是饱和度大于 80%的湿陷性黄土地基，以及掺入沥青等化合物的地基，不宜采用碱液加固法。

三、膨胀性岩土地基的处理技术

膨胀性岩土是一种区域性的特殊岩土，它含有大量亲水性黏土矿物，如蒙脱石和伊利石，具有显著的吸水膨胀和失水收缩特征，且胀缩变形往复可逆，因此，当湿度变化时，膨胀性岩土有较大的体积变化，当其变形受到约束时可产生较大的内应力。

对于膨胀性岩土地基，若处理不当，会对上部工程造成严重的破坏，主要表现以下几方面：

第一，对普通房屋工程，一般基础埋置深度较浅的低层建筑物，其房屋的损坏具有季节性和群体性特征。房屋墙体裂缝主要表现为山墙上的倒八字裂缝、外纵墙下部的水平裂缝等，由于膨胀性岩土胀缩变形的反复作用，有时也会表现为墙体出现交叉裂缝。

第二，对于道路交通工程，膨胀性岩土的危害主要表现为路基不均匀胀缩，产生横向波浪变形。在雨季，路基渗水软化，在车辆作用下形成泥浆，沿路面裂缝和伸缩缝溅浆冒泥，造成路面损坏。

第三，对于边坡工程，膨胀性岩土的危害在于容易引起浅层牵引式滑坡。当地面坡度超过 14 度时，坡体就会出现蠕动现象，地面坡度大于 5 度的边坡工程，滑坡风险会增加。

为了减轻膨胀性岩土的危害，需要采取相应的处理技术。常用的膨胀性岩土地基的处理技术如下：

（一）石灰改良法

石灰改良法是指在膨胀性岩土中掺入一定量的石灰，利用石灰中的解离的钙离子与黏土中的钾离子、钠离子进行交换，增加晶胞的正电价，在一定程度上中和了土粒的负电性，减少土粒之间的排斥作用，从而降低水分子进入的可能性，减轻膨胀性岩土地基的胀缩变形。

（二）换填法

换填法是将不满足承载力要求的土体置换成满足条件的土体或其他填料。在处理膨胀性岩土地基时，最简单的方法是采用砂石、灰土等材料，对膨胀性岩土进行替换，使换填土满足设计和施工要求，减轻地基的胀缩变形。在小型工程中的具体做法是：将基础地面以下膨胀性岩土挖除 300～500 mm，回填砂石、灰土等膨胀收缩量小的物质，将地基胀缩变形量降为最低，并且最大可能地避免地基不均匀沉降。

（三）压实法

压实法一般采用机械压实土体，使其凝聚力和内摩擦角增大，从而提高地基承载力。但使用这一方法，并不会使土体的膨胀性得到改善。在实际工程中，压实法多用于以弱膨胀性岩土为地基的道路工程，房屋工程一般不采用。

四、冻土地基的处理技术

无论是在高山顶部还是在其他温度较低的地区，冻土层均较为常见。作为对温度极为敏感的土体，冻土给土木工程建设带来的影响需要引起施工人员的高度重视。在施工过程中，施工人员应将消除冻土变形带来的危害放在首位，根据工程特性采取相应的处理措施，保证施工的质量和效率。

受工程实践水平的制约，现阶段，我国在冻土区实施土木工程时，在施工过程中主要应用的处理方法分别是工程防护和冻土改造。

（一）工程防护

首先，施工人员可以架空通风基础，具体来说，就是以柱、桩为依托，将建筑与地表进行隔离，再通过设置通风设施的方法，避免建筑直接接触地表。冻土地基的原始温度不变，其稳定性自然也不会受到影响。该法的优势主要体现在冬、夏两季，冬季，架空空间内冷空气的流动，使冻土地基被进一步冷冻，夏季，建筑发挥遮阳作用，降低了冻土地基融化的可能。

其次，热桩和桩基础在施工过程中的使用频率也相对较高。作为特殊桩的一种，热桩的作用是通过强制循环制冷的方式，将冻土的热量消散，降低土体内部温度，对冻土地基进行改善，避免由于冻土融化导致下沉问题，地基的稳定性也因此得到保障。桩基础的作用主要体现在两个方面：一是避免建筑和冻土直接接触；二是为隔热材料提供铺设空间。

（二）冻土改造

对建筑施工而言，冻土的危害通常表现在冻胀、融化下沉等方面，这些问题可能导致建筑物的下沉甚至倒塌。冻土改造的目的，主要是预防冻土状态的改变，消除冻土特有的融沉、肿胀等特性，保证施工能够正常进行。

近年来，土木工程建设中使用频率较高的冻土改造方法包括物理化学法、换填法。物理化学法以产生冻胀的根本原因为依据，利用交换阳离子及盐分来改变地基土，实现土粒子与水相互作用，使土体中的水分迁移强度及其冰点发生变化，削弱冻胀作用。与换填法相比，物理化学法的优势主要有成本低、便于操作等。换填法则是用非冻胀性材料对冻土进行置换，较为常见的非冻胀性材料包括砾石、粗砂等，随着土体被置换，冻土地基具有的冻胀性也会慢慢消减。

五、盐渍土地基的处理技术

盐渍土是一种土层内含有石膏、芒硝、硫酸盐或氯化物等易溶盐，且其含量大于 0.5%的土。盐渍土中的盐分随季节、气候、水文条件的变化而变化，在地表层常常存在白色盐霜与盐壳，厚度一般为几厘米到几十厘米。这些表面岩层经常在雨季与干旱季节交替的过程中产生周期性的发展变化。

（一）盐渍土的工程特征

1.溶陷性

盐渍土的可溶盐经水浸泡后溶解、流失，致使土体结构松散，在土的饱和自重压力作用下出现溶陷。盐渍土溶陷的程度，与可溶盐的性质、含量和浸水时间等因素有关。

2.盐胀性

盐渍土的膨胀，主要发生在硫酸盐渍土中。硫酸盐渍土中的硫酸钠，在 32.4 ℃以上时为无水晶体，体积较小；当温度小于 32.4 ℃时，硫酸钠的溶解度随温度升高而增大，而结晶时吸收大量水分，使土壤体积增大膨胀，故称盐胀。

3.腐蚀性

盐渍土均具有腐蚀性，这是由于土中具有盐溶液。例如，硫酸盐渍土对混凝土具有腐蚀作用，当硫酸盐的含量大于 1%时，这种腐蚀性非常强烈。

（二）盐渍土地基的危害

盐渍土地基的危害表现在很多方面，而且往往会带来巨大的经济损失。例如，盐渍土的溶陷性对工程的危害表现为地基沉降，建筑物由于本身的荷载会产生地基沉降，这些沉降一般都在设计范围内，但由于盐渍土的溶陷性，在遇水时，盐渍土地基中的可溶盐将会溶解，这时土体原本的结构强度会丧失，造成地基承载力下降并产生沉降。盐渍土地基的溶陷对石油化工工程中的塔、罐、井、池类等构筑物影响较大，设计人员与施工人员应高度重视。

（三）盐渍土地基处理方法

1.浸水预溶法

浸水预溶法，指的是立即将开工建设的地基进行浸水处理。通过对盐渍土地基注水，溶解土中的固状积盐，使其溶解成液体并流向深层土中，使土层产生空洞，人为改变土层结构。这时，土层在重力作用下发生沉降破坏，从而使土层中原来存在的一部分空隙得到填充，土层上部的空隙减小而发生沉降，后期，该地基再遇到水就不会发生很大的变形。

2.换土垫层法

在不同的盐渍土地区，土中的盐渍存在状况各不相同，对于地表下盐渍土层的厚度为 1～5 m 的情况，可采用简单的换土垫层法，将基础下的盐渍土层挖除，回填一种不含盐的材料。换土垫层法所用的垫层主要有砂石垫层和灰土垫层。

（1）砂石垫层

采用砂石材料是为了消除地基的溶陷性，其挖除深度需要根据盐渍土层厚度来确定，但一般不会大于 5 m，否则会导致工程造价太高，经济性太差。进行换土垫层时，对砂石垫层的厚度有一定的要求：必须保证下卧层顶面处的压应力小于该土层浸水后的承载力，还应保证砂土垫层周围发生溶陷时，垫层能保持稳定。如果垫层宽度不够，四周盐渍土在浸水后所产生的溶陷会导致垫层发生侧向位移并挤入侧壁的盐渍土，从而使基础沉降量变大，从而增加基础被破坏的风险。

（2）灰土垫层

如果全部清除盐渍土层较困难，也可部分清除，将主要影响范围内的溶陷性盐渍土层挖除，铺设灰土垫层。采用灰土垫层有两方面的优势：一是可以保证地基持力层上部土层不产生溶陷；二是灰土垫层的隔水性能良好，能对垫层下残留的一部分盐渍土层形成隔水层，从而起到防水的作用。

3.盐化法

盐化法即通常所说的"以盐治盐"的方法，在地基中注入饱和盐溶液，该溶液会与土层形成一定厚度的盐饱和土层。在水分蒸发后，盐结晶析出，填充土粒骨架，使盐渍土渗透性降低。

使用盐化法时要注意一些事项：首先，用盐化法处理地基时，可对整个基坑底全部进行盐化处理。利用盐化法处理后的地基，需要经过一定的间歇时间，使水分蒸发，待地基表层土恢复强度后，再进行上部的施工。其次，在进行盐化处理时，可用工业用盐、一般食盐，也可用当地的盐湖水，但要求盐溶液达到饱和。最后，根据具体的地质条件，在采用盐化法之前，应进行小规模的现场试验，以获得必要的经验与试验数据。

4.强夯法

对于某些地区天然含水率较低的盐渍土，可以采用比较简单的强夯法进行处理。强夯法，简单来说就是夯实土层，是一种通过外力夯土来缩小土体内部空隙的地基处理方法。这种方法在一些气候比较干旱的地区使用的效果往往比较好。

5.浸水预溶加强夯法

对于含水率低但强度较高的土体结构，采用上述的强夯法来夯实地基就显得不现实，此时，可以采用先浸水后强夯，即浸水预溶加强夯法，来对盐渍土地基进行处理。浸水预溶加强夯法，即先对地基进行浸水预溶，然后将地基空置一段时间，当地基中的含水量接近最佳含水量时，再进行强夯。这种方法的效果与浸水时间、强夯能量、土质条件等密切相关。在设计强夯能量时，最好使浸水影响深度大于或等于强夯影响深度。

第三章　砌体工程施工技术

第一节　常用砌体材料

一、石料

（一）一般要求

石料应符合设计规定，并应具有均匀的石质，不易风化，无裂纹，石料表面的污渍应予清除。

（二）片石规格

片石的形状不受限制，但中部厚度不得小于 15 cm。用作镶面的片石应保证表面平整，边缘厚度不得小于 15 cm。

（三）块石规格

块石的形状应大致方正，无锋棱凸角，顶面和底面大致平整，厚度不得小于 20 cm，长度及宽度不得小于其厚度。用作镶面的块石，其外露面应稍加修凿，凹入深度不得大于 2 cm；由外露面向内修凿的进深不得小于 7 cm；但尾部的宽度和厚度不得大于修凿部分。镶面丁石的长度不得小于顺石宽度的 1.5 倍。

（四）料石规格

粗料石的厚度不得小于 20 cm，且不小于长度的 1/3；宽度不得小于厚度；长度不得小于宽度的 1.5 倍。丁石长度应比相邻顺石宽度至少多 15 cm。由外露面向内修凿的进深不得小于 10 cm，且修凿面应与外露面垂直，每 10 cm 应凿切 4～5 条纹。当粗料石镶面的外露面有细凿边缘时，中部可不修凿，但凸出部分不得大于 2 cm，周围细凿边缘的宽度应为 3～5 cm；当镶面的外露面无细凿边缘时，石料正面应为粗凿面，凹入深度不得大于 1.5 cm。

细料石规格尺寸同粗料石，但修凿加工程度应比粗料石更细。

二、砌块

砌块的种类、规则很多，常用的有普通混凝土预制块、粉煤灰砌块等。

普通混凝土预制块体积一般较大，有利于提高建筑装配化、施工机械化水平。普通混凝土预制块的用料与制作应符合混凝土有关规定，并应提前 14 天制作。

三、黏土砖

黏土砖根据生产工艺的不同，分为机制砖和手工砖；按颜色的不同，分为红砖和青砖；按荷重的不同，又可分为承重砖和非承重砖。

四、砂浆

砌体工程所用砂浆的强度等级应符合设计要求，当设计未提出要求时，应遵循"主体工程不得小于 M10，一般工程不得小于 M5"的原则。砂浆强度等级应按边长为 70.7 mm 的立方体试件，在标准条件下，经过 28 天的标准试验方法测得抗压强度值。

砂浆配合比设计、试件制作、养护、抗压强度取值，以及砂浆中所用水泥、细骨料、外加剂、掺合料、水等原材料的质量要求应符合有关规定。

砂浆应具有适当的流动性和良好的和易性。砂浆的调度应用砂浆稠度仪测定的标准圆锥体在砂浆口沉入的深度表示，沉入值越大，砂浆的稠度就越大，表明砂浆的流动性越大。拌和好的砂浆应具有适宜的流动性，以便能在砖、石、砌块上铺成密实、均匀的薄层，并很好地填充块材的缝隙。

砂浆应随拌随用。在运输或贮存过程中，如果砂浆出现离析、泌水现象，在砌筑前应重新拌和。已凝结的砂浆不得使用。

第二节　干砌石施工技术

一、砌筑前的准备工作

（一）备料

在施工中，为缩短场内运距，避免停工待料，砌筑前应尽量按照工程部位及需要数量分别备料，并提前将石块的水锈、淤泥洗刷干净。

（二）基础清理

砌石前，应将基础开挖至设计高程，将淤泥、腐殖土，以及混杂有建筑残渣的土壤清除干净，必要时将坡面或底面夯实，然后才能进行铺砌。

（三）铺设反滤层

在干砌石砌筑前应铺设砂砾反滤层，其作用是将块石垫平，避免砌体表面凹凸不平，减少对水流的摩阻力；减少水流或降水对砌体基础土壤的冲刷；防止地下渗水溢出时带走基础土粒，避免砌筑面下陷变形。

反滤层的各层厚度、铺设位置，以及材料级配、粒径和含泥量，均应满足规范要求，铺设时应与砌石配合施工，自下而上，随铺随砌，接头处各层之间的连接要层次清楚，防止层间错位或混淆。

二、施工方法、砌筑要点与应用要求

（一）施工方法

常采用的干砌石施工方法有两种，即花缝砌筑法和平缝砌筑法。

1.花缝砌筑法

花缝砌筑法多用于干砌片（毛）石。砌筑时，依石块原有形状，使尖对拐、拐对尖，相互联系砌成。砌石不分层，一般将大面朝上。这种砌法的优点是表面比较平整，可用于流速不快、不承受风浪淘刷的渠道护坡工程。缺点是底部空虚，容易被水流淘刷变形，稳定性较差。

2.平缝砌筑法

平缝砌筑法的石块宽面与坡面竖向垂直，横向有通缝，竖向缝错开。这种砌筑方式能够展现出石头的自然形态，并能保证结构的稳定性和美观性。

无论采用花缝砌筑法还是平缝砌筑法，干砌块石都是依靠块石之间的摩擦力来维持整体稳定的，若砌体发生局部移动或变形，将会导致整体破坏。边口部位是最易损坏的地方，所以，封边工作十分重要。对护坡水下部分进行封边，常采用大块石单层或双层干砌封边，然后将边外部分用黏土回填并夯实，有时也可采用浆砌石埂进行封边。对护坡水上部分的顶部进行封边，则常采用比较大的方正块石砌成宽 40 cm 左右的平台，平台后所留的空隙用黏土回填并夯实。

（二）砌筑要点

造成干砌石施工缺陷的原因主要有砌筑技术不良、施工管理不善、测量放样错漏等。缺陷主要表现为缝口不紧、底部空虚、鼓心凹肚、重缝、飞口（将很薄的、未经砸掉的边口砌在坡上）、悬石、浮塞叠砌、严重蜂窝，以及轮廓尺寸走样等。为避免出现这些问题，在干砌石施工中必须注意以下几个要点：

第一，在施工前，应进行基础清理工作。

第二，受水流冲刷和浪击作用的干砌石工程，应采用竖立砌法（即石块的长边与水平面或斜面垂直），使空隙最小。

第三，干砌石护坡工程应自坡脚开始，自下而上进行。

第四，砌体缝口要砌紧，空隙应用小石填塞紧密，防止砌体在受到水流冲刷或外力撞击时滑脱沉陷，保持砌体的坚固性。

第五，干砌石护坡的每一块石头的顶面一般不低于设计位置 5 cm，不高出设计位置 15 cm。

（三）应用要求

干砌石建筑物的基础，应按设计要求的深度、宽度、长度、坡度开挖或填筑，经清理加固再砌石。运到现场的石料，要平整摊放，便于选用。

砌筑时，要做到砌放平稳，砌缝密合，相互压紧，外形平整，用片石把石块间隙塞实捣紧，使每个石块都能保持稳定，相互结合成为整体。大体积的干砌块石挡墙或建筑物，应按设计标准，分层整理砌筑，层与层之间，以及层内要上下错缝，内外搭砌。上下层的结合面上不应加垫石。砌体的每层转角、交接和分段部位，应采用较大的平整块石砌筑。干砌块石的墙体露出面，必须设置丁石（拉结石）。丁石应均匀分布，同一层内，当墙厚等于或小于 40 cm 时，丁石长度应等于墙厚；当墙厚大于 40 cm 时，要求内外两块拉结石相互搭接，搭接长度不应小于 15 cm，且其中一块长度不应小于墙厚的 2/3。

用干砌块石作基础，一般下大上小呈阶梯形，底层应选用比较方整的大块石头进行丁砌，上层块石至少压砌下层块石宽度的 1/3。在干砌石基础前后和挡墙后部的土石料要分层回填夯实。干砌石做成的斜面单层护坡护岸，砌放块石前要先按设计要求，平整好坡面，按设计规定铺放碎石或细砾石垫层，然后自下而上整理砌筑。石块的厚度应符合设计规定。

干砌排水涵洞、挡水坝时，要选择质量合格的石料，严格按设计规格加工成型，然后依次砌筑，保证砌缝密合，石料接触面靠紧，使其受力均匀，保持建筑物的稳定。为了保证干砌石建筑物的外形完整，一般把外露的顶部用厚 5 cm 左右的混凝土封顶。有的建筑物外露面的石块间隙，用水泥砂浆勾缝，勾缝深度为 3～5 cm，勾缝前应将石缝清洗干净，对于较大缝隙可填塞片石，经勾缝处理后的干砌石面更为平整美观，整体性好。

三、干砌石护坡工程施工

（一）干砌石护坡工程施工特点

在干砌石护坡工程施工中，由于砌石本身不连续性，必然会使构成的防护坡体不稳定，没有混凝土防护坡的坚固性好。干砌石护坡在自然因素（如水流冲刷、风化作用、温度变化等）和人为因素（如翻动石块等）的影响下，容易出现损坏的现象。同时，干砌石护坡周围有许多村庄，在人畜活动（例如在干砌石护坡上晾晒谷物等）的影响下，可能会招引一些啮齿动物，由于这类动物喜欢打洞筑窝，很容易破坏基土层，使坡体自身的防水、防渗性能下降，时间一长，会导致坡体坍塌等事故。因此，需要安排具体的巡视人员，随时掌握坡体的实际情况，及时报告问题并进行快速维修，这样才能排除隐患，保证干砌石护坡的安全性。

（二）干砌石护坡工程施工要求

干砌石护坡的施工工艺对工程质量影响很大。在施工初期，首先要选择良好的垫层施工工艺，这一施工工艺对后期干砌石护坡的稳固性具有重要的作用。在铺垫时，应采用逐层夯实的工艺，同时要注重对整个过程的控制，按照规范做好选石、修石和砌筑环节。在施工过程中，要认真对待每一单块石材，对每一面都进行修整，使其达到施工的标准。当石块准备就绪后，在砌筑的过程中，要使石块间的咬扣尽可能紧密，使石块的面与面之间着力稳固。当砌筑完工后，要立即进行检查，如发现坡面不平整，则应立即返工重修；如发现干砌石护坡损坏，应该及时采取合适的维修措施。

（三）干砌石护坡工程施工方案

在干砌石护坡工程施工时，为了合理安排工期及节约资源，宜分期、分段进行设计并安排施工。首先，对出现损坏部位的坡面进行平整，将突出、坍塌的石块取出或敲碎，清除后再对垫层进行重新铺垫，然后用新石重新砌筑。在干砌石护坡工程施工时，应按照设计要求，严格按标准进行操作，在施工中要保证石块之间无缝隙，局部错台、错缝应控制在 3 cm 以内。在重新砌筑完成之后，应对已铺好的坡面进行高压水冲洗作业，将砌筑坡石上的杂物洗去，完成后对坡面重新进行观察，对缝隙强度、大骨料粒径和砂石细度进行测算，形成参考数据。然后，在大坝两端各安置一定数量的混凝土搅拌机，用人工的方式将混凝土依次填入石块间缝隙部位。将混凝土填入缝隙后，采用振捣设备将混凝土捣实，确定无空洞后，用工具将表面抹平。

第三节 浆砌石和浆砌预制块 施工技术

一、浆砌石施工

（一）原材料

1.石料

浆砌石石料应坚实，无风化剥落层或裂纹。石材表面无污垢、水锈等杂质，用于表面的石材，应色泽均匀。石料的物理力学指标应符合施工规范要求，毛石应呈块状，重量不应小于 25 kg。规格小于要求的毛石，可用于塞缝，但用量不得超过砌体的 10%。

2.砂料

用质地坚硬、干净、级配良好的天然砂，粒径不大于 2.5 mm，含泥量不大于 3%，有机物含量不大于 3%。

3.水泥和水

水泥品种和强度等级应符合规定，到货的水泥应按品种、强度等级、出厂日期分别堆存，禁止使用受潮结块的水泥。在用水方面，适宜饮用的水均可使用，水的 pH 值应符合规范要求。

（二）砂浆

第一，砂浆的用量必须满足施工图纸规定的强度和施工和易性要求，用量必须通过试验确定。施工中需要改变胶结材料的用量时，应重新试验。

第二，拌制砂浆，应严格按照试验确定的配合比进行拌制，搅拌时间不应少于 2 min。

第三，胶结材料随机选用，胶结材料的允许间歇时间应通过实验确定。在运输过程中或储存中发生离析或泌水现象时，砌筑前应重新拌和，已初凝的砂浆不得使用。

（三）浆砌石砌筑注意事项

第一，砌筑前放样立标，在砌体外将石料上的泥垢冲洗干净，砌筑时保持砌石表面湿润。

第二，采用座浆法分层砌筑，铺浆厚度宜为 3～5 cm，随铺浆随砌石，砌缝需用砂浆填充饱满，不得无浆直接干砌，对于砌缝内的砂浆，应该用扁铁插捣密实。

第三，上下层砌石应错缝砌筑；砌体外露面应平整美观，外露面上的砌缝应预留约 4 cm 深的空隙，以备勾缝处理；水平缝宽应不大于 2.5 cm，竖缝宽应不大于 4 cm。

第四，砌筑因故停顿，砂浆已超过初凝时间，应待砂浆强度达到 2.5 MPa 后方可继续施工，在继续砌筑前，应将原砌体表面的浮渣清除；砌筑时应避免振动下层砌体。

第五，勾缝前必须清缝，用水冲净并保持缝槽内湿润，砂浆分次向缝内填塞密实；勾缝砂浆标号应高于砌体砂浆；应按实有砌缝勾平缝，严禁勾假缝；砌筑完毕后应保持砌体表面湿润，做好养护。

第六，砂浆配合比、工作性能等，应按设计标号通过实验确定，施工中应在砌筑现场随机制取试件。

第七，砌石体采用铺浆法砌筑，水泥砂浆沉入度应为 4～6 cm，当气温较高时，适当加大沉入度。

第八，在铺砌灰浆前，对石料应洒水湿润，使其表面充分吸收，但不得残留积水。砌筑时，不得采用外面侧立石块、中间填芯的砌筑方法。砂浆应饱满，对于石块间较大的空隙，应先填塞砂浆，后用碎石或片石嵌实，不得采用先摆碎石后填砂浆或干填碎石块的施工方法。

第九，当最低气温为 0～5 ℃时，砌筑作业应停止。遇大雨，应立即停止施工，妥善保护表面，雨后应先排除积水，并及时处理受冲刷部位。

（四）操作要求

1.铺浆（座浆）

采用水泥砂浆作为胶结材料，厚度为设计厚度的 1.5 倍，使石料安置后有一定的下沉余地，有利于灰缝座实。逐块座浆，逐块安砌，在操作时认真调整，使座浆密实，以免形成空洞。

2.摆放石料

在已座浆的砌筑面上，摆放洗净的湿润的石头，并用铁锤敲击石面，待座浆开始溢出时停止。对于石料之间的砌缝宽度应严格控制，采用水泥砂浆砌筑，砌缝宽度一般为 2～4 cm。

3.竖缝灌浆

石料摆放就位后，及时进行竖缝灌浆，并振（插）捣密实。振实后缝面略有下沉，可在进行上层平缝铺浆时一并填满。

4.插捣

水泥砂浆砌缝宽度较小，应采用人工插捣方法，常用的插捣工具有钢钎或特制的插捣钢板。

5.二次砌筑时间

每一单位砌面铺砌完成 24～36 h 后（具体时间根据气温、水泥种类、砂浆强度等级而定），即可进行清理冲洗，准备二次砌筑。

6.勾缝

第一，勾缝砂浆采用细砂，应保持较小的水灰比，水灰比应控制在 1∶1～1∶2 之间。

第二，清缝应在砌筑 24 h 后进行，缝宽不小于砌缝宽度，缝深不小于缝宽的 2 倍，勾缝前必须将缝槽冲洗干净，不得残留灰渣和积水，并保持缝面湿润。

第三，勾缝砂浆必须单独拌制，严禁与砌体砂浆混用。

第四，勾缝完成和砂浆终凝后，应将砌体表面刷洗干净。在养护期间，应经常洒水，使砌体保持湿润。

（五）砌筑质量要求

1.平整
同一层面应大致砌平，相邻砌石高差应小于 30 mm。

2.稳定
石块安置必须自身稳定，大面朝下，使其保持平稳。

3.错缝
同一砌筑层内，相邻石块应错缝砌筑；上下相邻砌筑的石块，也应错缝搭接，避免竖向通缝。

（六）养护

对于砌体外露面，在砌筑后 12～18 h 之间应及时养护，保持外露面的湿润；水泥砂浆砌体的养护时间不得少于 14 天。冬期水泥的水化反应较慢，初凝时间延长，对砌体不宜洒水养护，而应采取覆盖麻袋、草袋、草帘、塑料膜，或者锅炉加温的保温防冻措施。

（七）浆砌石工程常见质量问题及防治措施

1.常见质量问题
浆砌石工程的常见质量问题是浆砌石不密实，具体表现为已砌筑部位有缝隙，拆开检查可见砂浆不饱满。

这一质量问题出现的原因是砂浆填筑不饱满；灰缝宽度不够；没有分层卧砌。

2.防治措施

施工时采用人工铺浆法，两块石头之间填浆饱满；分层卧砌，内外搭接；在每片砌筑作业区安排专职质检员旁站检查，保证质量和进度。质检员对工程负责到底，做好现场记录。出现问题时应追究质检员的责任。

二、浆砌预制块施工

砌块建筑是房屋建筑中一种较先进的施工工艺，与砌砖相比，砌块自重较轻，在工业化、机械化和装配化程度上均有提高。

混凝土预制块砌体形状、尺寸应统一，其规格与粗料石相同，砌体表面应整齐美观。用预制混凝土块作拱石时，可提前预制混凝土块，使其收缩尽量消失在拱圈封顶以前，避免拱圈开裂；蒸汽养护混凝土预制块可加速收缩。

（一）中小型砌块施工

1.砌块安装前的准备工作

（1）机具的准备

在砌块施工中，除应准备好垂直、水平运输和安装的机械外，还要准备好安装砌块的专用夹具和其他有关工具。

由于砌块的体积较大、质量较重，人力难以搬动，故需要小型起重设备进行协助，一般采用轻型塔式起重机或井架拔杆的方法先将砌块集中吊到楼面上，然后用小车进行楼面水平运输，再用少先式起重机将其安装就位。

（2）砌块的堆放

砌块堆放应考虑场内运输路线的最短化，堆置场地应平整夯实，有一定泄水坡度，必要时开挖排水沟。砌块不宜直接堆放在地面上，应堆在草袋、煤渣垫层或其他垫层上，以免砌块底面被弄脏。砌块的规格、数量必须配套。不同类型的砌块应该分别堆放。

（3）编制砌块排列图

由于砌块在砌筑时必须使用整块，不得随意砍凿，因此，在吊装前应先绘制砌块排列图，以指导吊装施工和砌块的准备工作。砌块排列图的绘制方法是在立面上绘制出纵横墙，然后将过梁、平板、大梁、楼梯、混凝土垫块等在图上标出，再将水盘、管道等孔洞标出，在纵墙和横墙上画出水平灰缝线，然后根据砌块错缝搭接的构造要求和竖缝的大小进行排列。排列时，尽量用主规格砌块，以减少吊装的次数。需要镶砖时，应整砖镶砌，而且尽量对称分散布置。

2.砌块施工工艺

砌块施工的主要工序是：铺灰、吊砌块就位、校正、灌缝和镶砖。

（1）铺灰

砌块墙体所采用的砂浆应具有良好的和易性，砂浆稠度应为 50～80 mm。铺灰应均匀平整，长度一般以不超过 5 m 为宜，在炎热或寒冷的季节，应按设计要求适当缩短。灰缝的厚度应符合设计要求。

（2）吊砌块就位

砌块就位时，应从转角处或定位砌块处开始，严格按砌块排列图的顺序和错缝搭接的原则进行。

（3）校正

用锤球或托线板检查垂直度，用拉准线的方法检查水平度。校正时可用人力轻微推动砌块或用撬杠轻轻撬动砌块，对于自重在 150 kg 以下的砌块可用木槌敲击偏高处。

（4）灌缝

灌竖缝时，在竖缝两侧用夹板夹住砌块，用砂浆或细石混凝土进行灌缝，用竹片或捣杆插捣密实。砂浆或细石混凝土稍收水后，将竖缝和水平缝勒齐。之后，不可再撬动砌块，以防止砂浆黏结力受损。如砌块发生移动，应重砌。

（5）镶砖

镶砖工作必须紧随砌块校正工作进行，镶砖时应注意使砖的竖缝灌捣密实。为了保证质量，不宜在吊装好一个楼层的砌块后才进行镶砖工作。

（二）预制块拱圈施工

1.一般要求

拱圈和拱上结构所用砌块的规格应符合设计规定，施工时应按设计要求进行。

砌筑施工开始前，应先详细检查拱架和模板，在质量和安全等各方面均符合要求后方可开始砌筑。

拱圈的辐射缝应垂直于拱轴线，辐射缝两侧相邻两行拱石的砌缝应互相错开（同一行内上下层砌缝可不错开），错开距离不应小于 100 mm，错缝规则应符合设计要求。

浆砌粗料石和混凝土预制块拱圈的砌缝宽度应为 10～20 mm，块石拱圈的砌缝宽度不应大于 30 mm，片石拱圈的砌缝宽度不应大于 40 mm。

砌筑各类浆砌拱圈时，对于不甚陡的辐射缝，应先在侧面已砌拱石上铺浆，再放拱石挤砌；辐射缝较陡时，可在拱石间先嵌入木条，再分层填塞，捣实砂浆。

2.砌筑程序

砌筑拱圈前，应根据拱圈跨径、矢高、厚度及拱架的情况，设计拱圈砌筑程序。砌筑时，须设置变形观测缝，随时注意观测拱架的变形情况，必要时对砌筑程序进行调整，控制拱圈的变形。

对于跨径≤10 m 的拱圈，当用满布式拱架砌筑时，可从两端拱脚起，向拱顶方向对称、均衡地砌筑，最后砌拱顶石。当用拱式拱架砌筑时，宜分段、对称砌筑，先砌拱脚段和拱顶段，后砌 1/4 跨径段。

对于跨径为 13～20 m 的拱圈，无论用何种拱架，每半跨均应分成三段进行砌筑，先砌拱脚段和拱顶段，后砌1/4跨径段，两半跨应同时对称地进行。分段砌筑的拱段，其倾斜角大于砌块与模板间的摩擦角时，应在拱段下侧设置临时支撑。

对于跨径≥25 m 的拱圈，砌筑程序应符合设计规定。一般采用分段砌筑或分环分段相结合的方法砌筑，必要时应对拱架预加一定的压力。分环砌筑时，应先砌筑下环，砌缝砂浆强度达到设计强度的 75%以上后，再砌筑上环。

多孔连续拱桥拱圈的砌筑，应考虑连拱的影响，制定相应的砌筑程序。

3.空缝的设置和填塞

砌筑拱圈时，应在拱脚、拱顶石两侧、分段点等部位临时设置空缝；小跨径拱圈不分段砌筑时，应在拱脚附近设置临时空缝。设置和填塞空缝时，应注意下列事项：

第一，空缝的宽度，在拱圈外露面应与相应类别砌块的一般砌缝相同，当拱圈为粗料石时，为便于砂浆的填塞，可将空缝内腔宽度加大至30～40 mm。为保证空缝的宽度，当拱圈跨径≥16 m 时，拱脚部位附近的空缝宜用铸铁块垫隔，其他部位的空缝可用 M2.5 水泥砂浆块垫隔。

第二，用于空缝两侧的拱石，靠空缝一面应加工凿平。

第三，空缝的填塞应在砌缝砂浆强度达到设计强度的 70%后进行，填塞时应分层捣实。

第四，填塞空缝可使用 M2.5 以上或体积比为 1∶1 的半干硬水泥砂浆，砂宜用细砂或筛除较大颗粒的中砂。

第五，空缝的填塞顺序视具体情况而定，可从拱脚向拱顶对称填塞，也可先填塞拱脚处，次填塞拱顶处，然后自拱顶向两端逐条对称填塞。

4.拱圈合龙

拱圈封拱合龙时的温度、砂浆强度和封拱方法应符合设计规定，设计无规定时，应符合下列规定：

第一，封拱合龙宜在接近当地的年平均温度或温度在 5～15 ℃时进行。

第二，分段砌筑的拱圈应待填塞空缝的砂浆强度达到设计强度的 50%

后进行合龙，采用刹尖封顶的拱圈应待砂浆强度达到设计强度的 70%后进行合龙。

第三，封拱合龙前用千斤顶施加压力的方法调整拱圈应力时，砂浆强度应达到设计强度要求。

5.拱上结构的砌筑

第一，拱上结构在拱架卸架前砌筑时，应待拱圈合龙且砂浆强度达到设计强度的 30%后进行。

第二，当先松架后砌拱上结构时，应待拱圈合龙且砂浆强度达到设计强度的 70%后进行。

第三，采用施加压力调整拱圈应力时，应待封拱砂浆强度达到设计的规定后砌筑拱上结构。

第四，拱上结构一般应由拱脚至拱顶对称、均衡地砌筑。

第四章　钢结构工程施工技术

第一节　钢结构的特点和连接方法

一、钢结构的特点

钢结构是以钢制材料为主的结构，是主要的建筑结构类型之一。

钢结构主要用于重型车间的承重骨架、受动力荷载作用的厂房结构、板壳结构、高耸电视塔和桅杆结构、桥梁等大跨结构、高层和超高层建筑等。

钢结构分为轻钢结构和重钢结构，其判定没有一个统一的标准，可以结合一些数据进行综合考虑并加以判断。

和其他材料的结构相比，钢结构具有如下特点：

（一）强度高，结构的重量轻

钢材的密度虽然比其他建筑材料的密度大，但强度很高。在同样受力情况下，钢结构自重轻，可以做成跨度较大的结构。

（二）塑性、韧性好

钢材的塑性好，钢结构在一般情况下不会因偶然超载或局部超载而突然断裂。钢材的韧性好，钢结构对动力荷载的适应性较强。

（三）材质均匀，可靠性高

钢材内部组织均匀。钢结构的实际工作性能与所采用的理论计算结果符合度高，因此，结构的可靠性高。

（四）具有可焊性

钢材具有可焊性，这使钢结构的连接方式较为简化，适合制作各种复杂形状的建筑。

（五）制作、安装的工业化程度高

钢结构的制作主要是在专业化金属结构厂进行，因而制作简便，精度高。制成的构件运到现场安装，装配化程度高，安装速度快，工期短。

（六）密封性好

钢材内部组织很致密，无论是采用焊缝连接，还是采用铆钉或螺栓连接，都能做到连接紧密。

（七）耐热、不耐火

当钢材表面温度在 1 500 ℃以内时，钢材的强度变化很小，因此钢结构适用于热车间。当温度超过 1 500 ℃时，钢材的强度明显下降。所以，发生火灾时，钢结构的耐火时间较短，会发生突然坍塌的危险。对有特殊要求的钢结构，要采取隔热和耐火措施。

（八）耐腐蚀性差

在潮湿环境特别是有腐蚀性介质的环境中，钢材容易锈蚀，需要定期维护，这增加了钢结构的维护成本。

二、钢结构的连接方法

钢结构的连接方法有焊缝连接、螺栓连接和铆钉连接三种。

（一）焊缝连接

焊缝连接是通过电弧产生的热量使焊条和焊件局部熔化，经冷却凝结成焊缝，从而将焊件连接成一体的方法。

焊缝连接的优点在于：不削弱构件截面，节约钢材，构造简单，制造方便，密封性能好，在一定条件下易于采用自动化作业，生产效率高。

焊缝连接的缺点在于：焊缝附近钢材因焊接高温作用而形成热影响区，可能使某些部位材质变脆；焊接过程中，钢材受热不均匀，使结构产生焊接残余应力和残余变形，对结构的承载力、刚度和使用性能有一定影响；焊接结构由于刚度大，一旦局部产生局部裂纹，很容易扩展到整体，尤其是在低温下易发生脆断现象；通过焊缝连接的钢结构塑性和韧性较差，施焊时可能会对钢材产生影响，使疲劳强度降低。

（二）螺栓连接

螺栓连接是通过螺栓这种紧固件把连接件连接成一体。螺栓连接分为普通螺栓连接和高强度螺栓连接两种。

螺栓连接的优点在于：施工工艺简单，安装方便，也便于拆卸，适用于需要装拆结构的连接和临时性连接。

螺栓连接的缺点在于：需要在板件上开孔，拼装时需要对孔，增加制造工作量，且对制造的精度要求较高；螺栓孔使构件截面削弱，且被连接件常需相互搭接或增设辅助连接板（或角钢），构造复杂且费钢材。

（三）铆钉连接

铆钉连接是用一端带有半圆形预制钉头的铆钉，将钉杆烧红后迅速插入连接件的钉孔，以使连接达到紧固的连接方法。

铆钉连接的优点在于：传力可靠，塑性、韧性均较好，能较好地保证质量，可用于重型和直接承受动力荷载的结构。

铆钉连接的缺点在于：工艺复杂，制造费工费料，且劳动强度高，因此，铆钉连接已基本被焊缝连接和高强度螺栓连接所取代。

第二节　钢结构吊装

一、构件吊装

（一）柱的吊装

1.柱与基础的弹线、杯底抄平

（1）弹线

柱应在柱身的三个面弹出安装中心线、基础顶面线、地坪标高线。矩形截面柱安装中心线即为几何中心线；工字形截面柱除在矩形部分弹出中心线外，为便于观测和避免视差，还应在翼缘部位弹一条与中心线平行的线。此外，在柱顶和牛腿顶面还要弹出屋架及吊车梁的安装中心线。

基础顶面弹线要根据厂房的定位轴线测出，并应与柱的安装中心线相对应，作为柱安装、对位和校正时的依据。

（2）杯底抄平

杯底抄平是对杯底标高进行的一次检查和调整，以保证柱吊装后牛腿顶面标高的准确。抄平时，按照 1∶2 的比例用水泥砂浆或细石混凝土将杯底抹平至标志处。柱基施工时，杯底标高控制值一般均要低于设计值 50 mm。

2.柱的绑扎

柱一般在现场就地预制，用砖或土作底模，平卧生产，侧模可用木模或组合钢模。在制作底模和浇筑混凝土之前，就要确定绑扎方法、绑扎点数目和位置，并在绑扎点预埋吊环或预留孔洞，以便在绑扎时穿钢丝绳。柱的绑扎方法、绑扎点数目和位置，要根据柱的形状、断面、长度、配筋，以及起重机的起重性能确定。

（1）绑扎点数目和位置的确定

柱的绑扎点数目与位置应根据起吊时由自重产生的正负弯矩绝对值基本相等且不超过柱允许值的原则确定，以保证柱在吊装过程中不折断、不产生过大的变形。中、小型柱大多可绑扎一点，对于有牛腿的柱，吊点一般在牛腿下 200 mm 处。对于重型柱或配筋少而细长的柱（如抗风柱），为防止起吊过程中柱身断裂，需绑扎两点，且吊索的合力点应偏向柱重心上部。必要时，应验算吊装应力和裂缝宽度后确定绑扎点数目与位置。工字形截面柱和双技柱的绑扎点应选在实心处，或在绑扎位置用方木垫平。

（2）绑扎方法

①斜吊绑扎法。柱子在平卧状态下绑扎，不需翻身直接从底模上起吊；起吊后，柱呈倾斜状态，吊索在柱子宽面一侧，起重钩可低于柱顶，起重高度较小；但对位不方便，宽面要有足够的抗弯能力。

②直吊绑扎法。吊装前需先将柱子翻身，再绑扎起吊；起吊后，柱呈直立状态，起重机吊钩要超过柱顶，吊索分别在柱两侧；直吊绑扎法需要的起重高度比斜吊绑扎法大；柱翻身后刚度较大，抗弯能力增强，吊装时柱与杯口垂直，对位容易。

3.柱的吊升

柱的吊升方法应根据柱的重量、长度，以及起重机的性能和现场条件确定。

根据柱在吊升过程中运动的特点，吊升方法可分为旋转法和滑行法两种。对于重型柱子，可用两台起重机抬吊。

（1）旋转法

柱吊升时，起重机边升钩边回转，使柱身绕柱脚（柱脚不动）旋转直到竖直，起重机将柱子吊离地面后稍微旋转起重臂，使柱子处于基础正上方，然后将其插入基础杯口。

为了操作方便，以及使起重臂不变幅，在柱的预制或排放时，应使柱基中心、柱脚中心和柱绑扎点均位于起重机的同一起重半径的圆弧上，该圆弧的圆心为起重机的回转中心，半径为圆心到绑扎点的距离，并应使柱脚尽量靠近基础。这种布置方法称为"三点共弧"。

若受施工现场条件限制，不能将柱的绑扎点、柱脚中心和柱基中心三者同时布置在起重机的同一起重半径的圆弧上，则可采用柱脚中心与柱基中心"两点共弧"进行布置。

用旋转法吊升柱生产效率较高，但对平面布置要求高，对起重机的机动性要求高。当使用自行杆式起重机时，宜采用此法进行柱的吊升。

（2）滑行法

柱吊升时，起重机只升钩不转臂，使柱脚沿地面滑行，柱子逐渐直立，起重机将柱子吊离地面后稍微旋转起重臂，使柱子处于基础正上方，然后将其插入基础杯口。

采用滑行法布置柱的预制或排放位置时，应使柱的绑扎点靠近基础，柱的绑扎点与杯口中心均位于起重机的同一起重半径的圆弧上。

用滑行法吊升柱，柱受振动大，但对平面布置要求低，对起重机的机动性要求低。滑行法的应用场合包括：柱较重、较长而起重机在安全荷载下回转半径不够时；现场狭窄无法按旋转法排放布置时；采用桅杆式起重机吊装柱时。用滑行法吊装柱时，为了减小柱脚与地面的摩阻力，宜在柱脚处设置托木、滚筒等。

（3）双机抬吊

对于重型柱，可用双机抬吊的方法进行吊升，将旋转法（两点抬吊）和滑行法（一点抬吊）结合起来使用。在运用滑行法时，为了使柱身不受振动，同时避免在柱脚加设防护措施的烦琐操作，可在柱下端增设一台起重机，将柱脚递送到杯口上方。

4.柱的对位和临时固定

采用直吊法时，柱脚插入杯口后应悬离杯底适当距离进行对位。如采用斜吊法，可在柱脚接近杯底时，于吊索一侧的杯口中插入两个楔子，再通过起重机回转进行对位。对位时，应从柱四周向杯口放入八个楔块，并用撬棍拨动柱脚，使柱的吊装中心线对准杯口上的吊装准线，并使柱基本保持垂直。

柱对位后，应先简单固定楔块，再放松吊钩，检查柱沉至杯底后的对中情况，若符合要求，即可将楔块打紧，进行柱的临时固定，然后起重钩便可脱钩。

吊装重型柱或细长柱时，除需按上述步骤进行临时固定外，必要时应增设缆风绳拉锚。

5.柱的校正和最后固定

柱的校正包括平面位置、标高和垂直度的校正，因为柱的标高校正在基础杯底抄平时已完成，平面位置校正在临时固定时已完成，所以，柱的校正主要是垂直度校正。

柱的垂直度检查要用两台经纬仪从柱的相邻两面观察柱的安装中心线是否垂直。垂直偏差的允许值：柱高小于等于 5 m 时，允许值为 5 mm；柱高大于 5 m 时，允许值为 10 mm；柱高大于等于 10 m 时，允许值为柱高的 1/1 000，且不大于 20 mm。

柱的校正方法为：当垂直偏差值较小时，可用敲打楔块的方法或用钢钎来校正；当垂直偏差值较大时，可用千斤顶校正法、钢管撑杆斜顶法及缆风绳校正法等。

柱校正后应立即进行固定，方法是在柱脚与杯口的空隙中浇筑比柱混凝土强度等级高一级的细石混凝土。混凝土浇筑应分两次进行，第一次浇至楔块底面，待混凝土强度达到 25%时拔去楔块，再将混凝土浇满杯口。待第二次浇筑的混凝土强度达 70%后，方能吊装上部构件。

（二）屋架的吊装

屋架吊装的施工顺序是：绑扎—扶直就位—吊升、对位和临时固定—校正和最后固定。

1.绑扎

屋架在扶直就位和吊升这两个施工环节中，绑扎点均应选在上弦节点处，左右对称。绑扎吊索内力的合力作用点（绑扎中心）应高于屋架重心，使屋架起吊后不宜转动或倾翻。绑扎吊索与构件水平面所成夹角，扶直时不宜小于 60 度，吊升时不宜小于 45 度，具体的绑扎点数目及位置与屋架的跨度有关。一般情况下，钢筋混凝土屋架跨度小于或等于 18 m 时，两点绑扎；屋架跨度大于 18 m 时，用两根吊索，四点绑扎；屋架跨度大于或等于 30 m 时，为了降低屋架的起吊高度，应使用横吊梁。

2.扶直就位

钢筋混凝土屋架或预应力混凝土屋架一般在施工现场平卧叠浇。因此，屋架在吊装前要扶直就位，也就是将平卧制作的屋架扶成竖立状态，然后吊放在预先设计好的地面位置上，准备起吊。

扶直时先将吊钩对准屋架平面中心，收紧吊钩后，起重臂稍抬起，使屋架脱模。若叠浇的屋架间有严重黏结，则应先用撬杠或钢钎等工具，使其上下分开，不能硬拉，以免造成屋架损坏。另外，为防止屋架在扶直过程中突然下滑而损坏，需在屋架两端搭井字架或枕木垛，以便在屋架由平卧转为竖立后将屋架搁置其上。

根据起重机与屋架预制时相对位置的不同，屋架扶直有两种方式：正向扶直和反向扶直。正向扶直是指在扶直过程中，起重机位于屋架下弦一侧；反向扶直则是指在扶直过程中，起重机位于屋架上弦一侧。

3. 吊升、对位和临时固定

单机吊装屋架时，先将屋架吊离地面 500 mm，然后将屋架吊至吊装位置的下方，升钩将屋架吊至超过柱顶 300 mm，然后将屋架缓降至柱顶，进行对位。屋架对位应以建筑物的定位轴线为准，对位前应将建筑物轴线用经纬仪投放在柱顶面上。对位以后，立即进行临时固定，然后起重机脱钩。

施工人员应十分重视屋架的临时固定，因为屋架对位后是单片结构，侧向刚度较差。第一个屋架的临时固定，可用四根缆风绳从两边拉牢。若先吊装抗风柱，可将屋架与抗风柱连接。对于第二个屋架，以及其后各屋架，可用屋架校正器（工具式支撑）将吊装的屋架临时固定在前一个屋架上。每个屋架至少用两个屋架校正器进行临时固定。

4. 校正和最后固定

屋架的校正主要是检查并校正其垂直度，用经纬仪或垂球检查，用屋架校正器或缆风绳校正。

用经纬仪检查屋架垂直度时，要在屋架上弦安装三个卡尺（一个安装在屋架中央，两个安装在屋架两端），自屋架上弦几何中心线量出 500 mm，在卡尺上作出标记。然后，在距屋架中线 500 mm 处的地面上，设一台经纬仪，检查三个卡尺上的标志是否在同一垂直面上。

用垂球检查屋架垂直度时，卡尺标记的设置与经纬仪检查方法相同，标记距屋架几何中心线的距离为 300 mm，在两端卡尺标记之间连一通线，从中央卡尺的标记处向下挂垂球，检查三个卡尺的标记是否在同一垂直面上。

屋架校正完毕，立即用电焊固定。

（三）屋面板和天窗架的吊装

屋面板一般有预埋吊环，用带钩的吊索钩住吊环即可吊装。大型屋面板有四个吊环，起吊时，应使四根吊索拉力相等，使屋面板保持水平。为充分利用起重机，提高工作效率，也可采用一次吊升若干块屋面板的方法。

屋面板的安装顺序为：自两边檐口逐块铺向屋脊，保持左右对称，避免屋架受荷不均匀。屋面板对位后，应立即用电焊固定。

天窗架的吊装应在天窗架两侧的屋面板吊装完成后进行，其吊装方法与屋架的吊装方法基本相同。

二、结构吊装

在确定结构吊装的施工方案时，应根据结构的形式、跨度，构件的重量，安装高度，吊装工程量，工期要求等因素综合考虑。

（一）结构吊装方法——以厂房为例

单层厂房结构吊装方法有分件吊装法和综合吊装法。

1.分件吊装法

分件吊装法是指起重机每开行一次，仅吊装一种或几种构件。一般厂房的结构吊装，分三次开行，就可以将全部构件吊装完。第一次开行，吊装柱，应逐一进行校正及最后固定；第二次开行，吊装吊车梁、连系梁及柱间支撑等；第三次开行，以节间为单位吊装屋架、天窗架和屋面板等构件。

使用分件吊装法时，起重机每开行一次基本上吊装一种或一类构件，可根据构件的重量及安装高度来选择起重机，不同构件的吊装选用不同型号的起重机，能够充分利用起重机的工作性能。在吊装过程中，构件的供应及平面布置比较简单，吊具不需要经常更换，操作简单，吊装速度快。此外，采用分件吊装法，还能给构件临时固定、校正及最后固定等工序提供充足的时间。目前，单层厂房结构吊装多采用此法。但分件吊装法由于起重机开行路线长，形成结构空间的时间长，在安装阶段稳定性较差。

2.综合吊装法

综合吊装法是指起重机一次开行，以节间为单位安装所有的构件。具体做法是：先吊装 4~6 根柱，随即进行校正和最后固定。然后吊装该节间的吊车梁、连系梁、屋架、天窗架、屋面板等构件。这种吊装方法具有起重机开行路线短，停机次数少，能及时提供工作面，为下一工序创造施工条件等优点。但由于同时吊装各类型的构件，起重机的能力不能充分发挥；索具更换频繁，操作多变，影响生产效率的提高；校正及固定工作时间紧张；构件供应复杂，平面布置拥挤。所以在一般情况下，不宜采用综合吊装法，只有在使用移动困难的桅杆式起重机时才采用此法。

（二）起重机型号、臂长的选择

1.吊一种构件时

①对起重半径无要求时，根据起重量及起重高度，查阅起重机性能曲线或性能表，选择起重机型号和起重机臂长，并可查得在选择的起重量和起重高度下相应的起重半径，即为起吊该构件时的最大起重半径，这也可作为确定吊装该构件时起重机开行路线及停机点的依据。

②对起重半径有要求时，根据起重量、起重高度及起重半径三个参数，查阅起重机性能曲线或性能表，选择起重机型号和起重机臂长，确定吊装该构件时的最大起重半径，并将其作为确定吊装该构件时起重机开行路线及停机点的依据。

③对最小臂长有要求时，根据起重量及起重高度初步选定起重机型号，并根据由数解法或图解法所求得的最小起重臂长的理论值，查阅起重机性能曲线或性能表，从规定的几种臂长中选择一种臂长，作为吊装构件时起重臂

的长度。

2.吊多个构件时

①构件全无起重半径要求时，首先列出所有构件的起重量及起重高度要求，找出最大值，查阅起重机性能曲线或性能表，选择起重机型号和起重机臂长，然后确定吊装各构件时的起重半径，作为确定吊装该构件时起重机开行路线及停机点的依据。

②有部分构件对起重半径（或最小臂长）有要求时，在根据起重量最大值、起重高度最大值选择起重机型号和起重机臂长时，应尽可能地考虑有起重半径（或最小臂长）要求的构件的情况，然后对有起重半径（或最小臂长）要求的构件逐一进行复核。确定起重机型号和臂长后，根据各构件的吊装要求，确定吊装时的起重半径，作为确定吊装这些构件时起重机开行路线及停机点的依据。

第三节　钢结构施工

一、钢结构施工要求与施工流程

（一）施工要求

钢结构施工整体要求有以下几个：

第一，规范操作、工艺达标、稳定牢固、外形美观。

第二，工程要一次性通过验收。未达到验收标准的，由工程队限期整改，其费用由施工队负责。因整改致使工期超过合同规定而需承担违约责任的，其违约责任由施工队承担。

第三，因材料损坏导致工程质量下降的，由施工队承担全部责任。

钢结构施工具体要求有以下几个：

①测量放线准确无误，锚栓牢固、精确。出现误差导致材料浪费和返工的，由施工责任人承担全部责任。

②钢柱吊装垂直，标高精确，螺栓紧固到位，发生质量事故的，由施工责任人承担全部责任。

③焊接规范，牢固美观，无虚焊、无裂纹，因焊接不牢导致安全事故的，由施工责任人承担全部责任。

④拼板、包边垂直平行且无缝隙、表面无皱褶，打铆栓钉要求稳固且呈直线排列，间距和松紧度一致，不得呈波浪形排列和斜线排列。

⑤油漆涂刷到位，泡沃胶和玻璃胶处理正确。

⑥竣工时，要打扫现场卫生，洗刷处理钢架上和墙壁上的污染，做好屋面垃圾、剩余材料的清场工作。

（二）施工流程

1.施工前的准备

第一，做好施工前的人员部署计划，以及机械设备的配套计划。

第二，做好材料进场的计划。

第三，做好临时设施的布置工作。

2.施工放线

在条件允许施工时进行施工测量放线。具体步骤为：①按照设计要求，对照图纸配合土建单位将标高、轴线核对准确；②施工前用经纬仪或水准仪复核轴线、标高，用记号笔或墨线作记号，注明标高，并做好记录；③确定每个钢柱在基础上的连接面边线及轴线；④吊装时尽量避免钢柱与螺栓的碰撞，避免柱底变形，造成不必要的损耗；⑤在施工放线过程中应当注意误差，在放线过程中尽量用经纬仪，遇大风天气不要放线；⑥由于施工水平的不同，每次放线都会有误差，为了缩小误差，应用钢尺多次测量，及时纠正，将误差降到最小，尽量控制在 5 mm 之内。

3.基础预埋

第一，在预埋过程中，要仔细核对图纸，确定螺栓的大小、长度、高程及位置，并固定好预埋螺栓，避免整体偏移或标高误差。

第二，浇筑混凝土前，应用塑料薄膜包住螺栓丝口，以免浇筑混凝土时对螺栓丝口造成污染。

第三，浇筑混凝土时应派专业人员值班，消除混凝土浇筑时对螺栓定位的影响，避免预埋件的位移及标高的改变。

第四，混凝土浇筑完成后，应及时清理螺栓及丝口上的残留混凝土。

4.钢结构安装

普通钢结构厂房的安装内容包括：基础交接、立钢柱、安装系杆、安装钢梁、安装吊车梁、安装檩条、安装维护彩板、安装屋面板等。

基础交接时，要严格检查地脚螺栓及预埋件的位置、标高，避免有较大误差。钢结构件进场时，要按照图纸检查编号位置，卸车到位。立钢柱时要严格控制钢柱的标高、轴线位置及垂直度。钢柱垂直度用经纬仪校正，偏差及标高可用千斤顶校正，校正无误后立即紧固螺栓。检查螺栓紧固程度的方法是用小锤敲击螺栓，有嗡嗡声为未紧固好，发出沉闷声为已紧固好。

钢柱安装完后，要及时安装系杆，并安装柱间支撑。在进行钢梁吊装时，要根据现场实际情况，确定吊装方法，吊装过程中，要有严格的安全保证措施。严格控制梁的轴线位置和垂直度，严禁超过偏差。安装吊车梁时要注意标高和相邻两段吊车梁的高差。吊车梁接头部位严禁错位。调整完毕后紧固高强度螺栓。

安装檩条时，螺栓要紧固到位，避免过紧或过松，墙面各预留口的尺寸应合适。

安装柱间支撑、拉条、隔撑时，要注意保护主体，防止磕掉油漆。安装时注意拉条的间距；隔撑、拉条严禁焊接。安装完后要检查是否有掉漆部位，发现掉漆要及时补漆。

二、部分安装工艺

（一）屋面板安装工艺

第一，屋面钢丝网应间隔布置、拉力合适，必要时对边檩和脊檩加固，贴面要平整光滑，无漏棉、无破损，搭接在檩条上，铺贴面时要及时调整钢丝网格。

第二，屋面板搬运及吊装时，应做到轻拿轻放，不得使屋面板产生皱褶、划痕，避免损坏表面油漆；抬板时，要防止钢板对折，压型钢板如有弯曲、微损，应及时修复，如出现严重破损、镀锌层严重脱落，则应废弃。安装屋面板时严禁拖板。压型钢板铺设的重点是边的处理，主要是拉线安装，使屋面板的坡度方向始终与屋脊保持垂直，屋面板的长度最好一次成型，尽量避免横向搭接。外露的板钉必须用防水胶包裹。支托应打满钉，距离合适，卡槽到位，卡不到位的应及时修整。严禁漏打支托。

第三，檐口必须用彩板收边和密封材料封边，防止芯材外露导致潮气侵入和渗水等，严重影响板材质量和使用寿命。

第四，屋面板的搭接必须符合设计规范要求，避免渗漏现象的发生，屋脊端应弯折截水，其高度不应小于 5 mm。

第五，屋面应固定牢固，每一波峰最少用两个铆钉，搭接处应打暗胶，用双排铆钉固定。

（二）墙面板安装工艺

第一，在固定第一块钢板之前，要确保其位置的垂直和方正。第一块钢板的正确安装，能为后续钢板的快速安装和校正打下基础。在安装过程中，对每一墙面都要定期检测，保证不出现移动，检测方法是在已固定的钢板顶部和底部各测量一次，或使用线锤，看其宽度的误差是否超出规定。若要调整，则可以在以后安放和固定每一块钢板时进行轻微调整，直到钢板达到平直度要求。

第二，为了避免墙梁下挠，宜设置临时木撑，将其固定在墙梁上。

第三，切割玻璃棉时，为了便于处理，可以使切割长度增加 15 cm，从墙板的边缘伸出。在安装隔热材料时，应确保第一列隔热材料的边伸出第一块墙板的边缘，以便与下一块隔热材料侧向相接。

第四，将第二块钢板按墙檩布置尺寸进行打孔或画点，准确地搭接在第一块钢板上，轻微调整至看不到黑缝为止，并与第一块钢板压紧，再用自攻钉将其固定，盖防水帽，自攻钉要平直。

第五，随时检查压型钢板的平行度和垂直度，发现不垂直时应及时调整。

第六，相邻两板端部不应有错茬。

第五章 结构安装工程施工技术

第一节 结构安装工程概述

一、结构安装工程的基本理论

（一）结构安装工程的内容

结构安装工程的研究对象主要包括各类土木工程结构，如建筑、桥梁、隧道、道路等。研究内容涵盖这些土木工程结构的设计、施工、维护、加固及改造等。具体来说，在设计阶段，需要考虑结构的承载能力、稳定性、耐久性和使用功能等；在施工阶段，需要关注施工质量、进度和安全等；在维护、加固及改造阶段，则需要针对结构的实际情况进行具体分析，制定相应的解决方案。

结构安装工程包括模板工程、钢筋工程、混凝土工程、预应力工程等多个类型。在施工过程中，需要严格按照施工规范和设计要求进行操作，确保施工质量和安全。同时，施工技术的不断进步，如预制装配技术、3D 打印技术等新兴技术的应用，为结构安装工程施工技术的提升带来了更多的可能性。

（二）结构安装工程的设计方法

在土木工程中，结构安装工程的设计方法包括容许应力设计法、极限状态设计法、可靠性设计法等。

容许应力设计法以材料的容许应力为基础，通过计算结构的内力来确定截面尺寸，以满足结构在强度和刚度方面的要求。极限状态设计法则以结构的极限承载状态和正常使用状态为基础，通过可靠度分析来确定结构的安全性和可靠性。可靠性设计法则是在极限状态设计法的基础上，进一步考虑不确定性因素的影响，使结构设计更加符合实际情况。

（三）结构安装工程的经济性

结构安装工程的经济性是土木工程建设过程中相关人员需要关注的重要方面。在设计阶段，设计人员需要综合考虑工程成本、工期、质量和使用寿命，制定合理的经济指标。在施工阶段，管理人员需要加强成本控制和管理，降低施工成本；在维护、加固及改造阶段，相关人员则需要确定合理的维护计划和加固方案，延长结构的使用寿命，降低维护成本。合理的经济分析和管理可以使结构安装工程在满足安全、可靠等要求的前提下，实现更好的经济效益。

二、结构安装工程示例——主体结构安装

（一）主体结构安装的重要性

建筑物的主体结构安装，包括梁、板、柱、墙等核心构件的安装。这些构件的安装质量直接影响到建筑物的整体稳定性、安全性和使用寿命。因此，主体结构安装施工必须严格按照设计要求和施工规范进行，确保每一道工序都符合标准。

（二）重要主体结构的安装

1.梁的安装

梁是建筑物中承担荷载的主要构件，梁的安装要求精度高、稳定性好。

在安装过程中，需要准确控制梁的位置和标高，确保其与柱、墙等构件的准确连接。

2.板的安装

板是建筑物中的水平分隔构件，主要用于承受竖向荷载和传递水平荷载。在板的安装过程中，需要注意板的平整度和拼接缝的处理，确保板的整体性和稳定性。

3.柱的安装

柱是建筑物中的竖向承重构件，其安装质量直接影响建筑物的整体稳定性。在柱的安装过程中，需要严格控制柱的垂直度和位置精度，确保柱与梁、板等构件的紧密连接。

4.墙的安装

墙是建筑物中的围护结构，同时也具有一定的承重作用。在墙的安装过程中，需要注意墙体的平整度和垂直度，以及墙体与梁、板、柱等构件的连接牢固程度。

第二节　结构安装工程的
施工准备与核心环节

一、结构安装工程的准备工作

在结构安装工程施工之前，要做好充分的准备，这是确保工程顺利进行的基础。以下是结构安装工程准备工作的主要内容：

（一）项目规划与设计

第一，详细了解项目需求，明确施工目标和任务。

第二，进行现场勘察，收集工程所在地的地质、气候等相关数据。

第三，设计施工方案，确定结构类型、安装方法等。

第四，编制施工图纸和技术文件，为后续施工提供指导。

（二）材料与设备采购

第一，根据施工方案，列出所需材料和设备清单。

第二，进行市场调研，选择合适的材料与设备供应商。

第三，签订合同，明确材料与设备的规格、质量要求和交货时间。

第四，对采购的材料和设备进行验收，确保其符合施工要求。

（三）施工队伍组建

第一，组建专业的施工队伍，明确各岗位的职责。

第二，对施工人员进行技能培训和安全教育，确保其具备必要的技能和安全意识。

第三，安排人员编制施工进度计划，确保工程按期完成。

（四）施工现场准备

第一，清理施工现场，确保施工区域整洁、无障碍物。

第二，搭建临时设施，如办公室、仓库、宿舍等。

第三，安装施工用电、用水等基础设施。

第四，设置安全警示标志，保证施工现场安全。

二、结构安装工程的核心环节

（一）构件预制与运输

首先，根据施工图纸和技术要求，在工厂进行梁、板、柱等构件的预制。

其次，对预制构件进行质量检验，确保其符合设计要求。

最后，将预制构件运输至施工现场，并妥善保管。

（二）构件安装

首先，根据施工图纸和技术要求，确定构件的安装位置和顺序。

其次，使用起重机等设备，将构件吊装至指定位置。

最后，对构件进行校正和固定，确保其位置准确、稳定。

（三）节点连接与固定

第一，严格按照技术要求对构件进行节点连接，连接方法包括焊接、螺栓连接等，确保连接牢固、可靠。

第二，在节点处采取加固措施，提高结构的整体稳定性。

（四）结构验收

首先，在主体施工完成后，对整个结构进行尺寸、位置、强度等方面的验收。

其次，发现问题应及时整改，确保结构质量符合设计要求。

最后，编制结构验收报告，为后续工作提供依据。

总之，土木工程结构安装的每个环节都需要严格按照技术要求和施工规范进行，确保工程质量和安全。

第三节　结构安装工程的
安全防护与质量控制

　　结构安装工程的安全防护与质量控制是确保工程顺利进行、保证施工人员安全和工程质量的重要环节。采取有效的安全防护措施，建立完善的质量控制体系，加强现场管理，采取紧急救援与逃生措施等，可以最大限度地减少施工过程中的安全风险和质量问题，确保工程的顺利完成。

一、结构安装工程的安全防护

　　结构安装工程是土木工程中极为重要的一环，对建筑物的整体稳定性、安全性和使用寿命具有重要影响。结构安装工程的安全管理贯穿整个结构安装工程的始终。因此，在施工过程中必须严格控制施工过程，加强施工安全和监测工作，确保工程安全。

　　在施工前，需要进行安全风险评估，制定安全措施；在施工过程中，需要加强现场管理和监督，确保施工人员和现场环境的安全；在结构使用过程中，需要定期进行维护和检查，及时发现并处理潜在的安全隐患。

　　对结构安装工程进行安全防护，要求在施工前，对施工现场进行全面的风险评估，识别潜在的安全隐患，制定相应的预防措施。具体内容如下：

（一）安全教育培训

　　对施工人员进行安全教育培训，提高施工人员的安全意识，确保其熟悉施工现场的安全操作规程和应急措施。

（二）施工方案审核

审核施工方案，确保施工方案符合安全标准和规定，对可能存在的安全风险进行提前预防。

（三）现场安全管理

1.明确安全责任

建立完善的安全责任体系，明确各级管理人员和施工人员的安全职责。

2.设立安全监督岗位

设立专门的安全监督岗位，对施工现场进行定期和不定期的安全检查，发现隐患应及时督促整改。

3.召开安全会议

定期召开安全会议，对施工现场的安全情况进行总结和评估，对新的施工区域和作业环节进行安全交底。

（四）设备与设施安全防护

1.个人防护用品

为施工人员配备符合标准的个人防护用品，如安全帽、安全带、防护眼镜等。

2.施工设备安全

对施工设备进行定期检查和维护，确保其处于良好状态，避免设备故障导致事故。

3.临时设施安全

确保临时设施（如脚手架、支撑体系、围挡等）稳固可靠，满足安全施工的要求。

（五）安全标志设置

在施工现场设置明显的安全标志，如禁止入内、高空坠物、易燃易爆等警示牌。

在夜间施工时，确保施工现场夜间有足够的照明，并设置警示灯或反光标志，提高夜间施工的安全性。

（六）紧急预案制定与安全监测

1.制定紧急预案

针对可能发生的安全事故，制定详细的紧急预案，明确应急措施和救援程序。

2.组织应急演练

定期组织应急演练，提高施工人员的应急反应能力和自救、互救能力。

3.安全监测与预警

对施工现场进行安全监测，发现安全隐患应及时发出预警，并采取应对措施。

（七）紧急救援与逃生

1.逃生设施设置

在施工现场设置明显的逃生指示标志和逃生通道，确保在紧急情况下能够迅速疏散人员。

2.建立紧急联系机制

建立紧急联系机制，确保在紧急情况下能够及时与外部救援力量取得联系，获取必要的支持和援助。

二、结构安装工程的质量控制

结构安装工程的质量控制是确保工程质量和安全的重要环节。下面从质量控制计划编制、材料质量控制、施工工艺控制、质量检查与测试、质量记录与报告、质量整改与验收、施工人员培训，以及监督与反馈机制等方面，详细阐述土木工程结构安装工程的质量控制措施。

（一）质量控制计划编制

在结构安装工程施工前，应编制详细的质量控制计划。质量控制计划应明确质量控制的目标、标准、方法和程序，包括质量控制点的确定、检验和测试计划等。质量控制计划立作为施工过程中的指导文件，确保施工活动符合质量要求。

（二）材料质量控制

材料是土木工程结构安装的基础，材料质量直接影响工程质量。因此，结构安装工程应严格控制材料的质量。首先，选择信誉良好的材料供应商，确保材料质量可靠。其次，对进场的材料进行严格检查，包括对材料的外观、尺寸、性能等进行检查，确保材料符合设计要求和相关标准。最后，对材料的存储、运输和使用进行监管，防止材料损坏或变质。

（三）施工工艺控制

施工工艺是影响结构安装工程质量的关键因素。施工人员应严格按照施工工艺要求进行施工，确保每个施工环节采取的施工工艺都符合质量要求。在施工过程中，对关键工序和特殊作业进行重点控制，确保施工质量。

施工单位需要建立完善的质量管理体系，加强对施工过程的监督和管理。

91

同时，采用先进的监测技术和设备，对施工过程中的关键参数进行实时监测和记录，以便及时发现和纠正施工过程中存在的问题。

（四）质量检查与测试

质量检查与测试是保证结构安装工程质量的重要手段。应根据施工计划和设计要求，制定详细的质量检查与测试方案。在施工过程中，定期对施工质量和材料质量进行检查和测试，确保各项质量指标符合要求。对于发现的问题，应及时采取措施进行整改。

（五）质量记录与报告

在土木工程结构安装过程中，应建立详细的质量记录体系。质量记录应包括材料进场记录、施工检查记录、质量测试记录等。同时，相关人员要定期编制质量报告，对施工质量进行总结和分析，及时发现并解决质量问题。质量记录与报告是评估施工质量和追溯质量问题的重要依据。

（六）质量整改与验收

对于在质量检查与测试过程中发现的问题，应及时进行整改。整改措施应明确、具体，并经过相关部门和人员的确认。整改完成后，应再次进行质量检查和测试，确保问题得到完全解决。最后，对整个工程进行质量验收，确保工程质量符合设计要求和相关标准。

（七）施工人员培训

施工人员是影响结构安装工程质量的关键因素之一。因此，应加强对施工人员的培训和教育，提高他们的专业技能和质量意识。培训内容应包括施工工艺、质量要求、安全操作规范等。通过培训，施工人员能熟练掌握施工技能，了解质量要求，进而提高工程质量。

（八）监督与反馈机制

为确保土木工程结构安装质量控制的有效性，应建立监督与反馈机制。监督人员应对施工过程进行实时监控，确保施工活动符合质量要求。同时，建立质量反馈机制，及时收集和处理施工过程中的质量问题。对于发现的问题，应及时向相关部门和人员反馈，并采取措施进行整改。

第四节 结构安装工程的
环保施工技术

随着人们环保意识的增强，在土木工程结构安装过程中如何降低对环境的影响，实现绿色施工，已成为行业关注的焦点。本节将从环境影响评估、污水处理技术、噪声控制技术、土壤保护技术、节能减排技术、可持续材料应用技术、水资源保护技术等方面探讨结构安装工程的环保施工技术。

一、环境影响评估

结构安装工程作为基础设施建设的重要组成部分，对环境的影响不容忽视。环境影响评估是增强结构安装工程可持续性的重要手段，对于预防、减轻结构安装工程可能对环境造成的负面影响具有关键作用。

（一）评估范围与重点

在进行结构安装工程环境影响评估时，首先要明确评估的范围和重点。

评估范围通常包括工程的施工期、运营期、废弃期三个阶段，涉及水环境、声环境、大气环境、土壤环境等多个方面。应根据工程特点和区域环境特点来确定评估重点，如重点关注施工过程中的噪声、扬尘、废水排放等问题。

（二）环境资料收集

环境资料收集是环境影响评估的基础工作。在环境影响评估中，需要收集的资料包括工程所在地的自然环境资料（如地形、地貌、水文、气象等）、社会经济资料（如人口分布、产业结构、基础设施等）、环境质量现状资料（如大气、水、土壤等环境质量监测数据），以及相关法律法规和政策文件等。相关工作人员应对收集到的资料进行全面分析，为后续的环境影响分析提供有力支持。

（三）环境影响分析

环境影响分析是环境影响评估的核心内容。在分析过程中，工作人员应综合运用定性分析方法和定量分析方法，评估工程施工和运营过程可能对环境产生的影响。分析内容包括但不限于：施工期噪声、扬尘、废水排放对周边环境的影响；运营期废气排放、固体废弃物对环境的影响；工程对当地生态系统和生物多样性的影响；等等。同时，还需对可能产生的环境风险进行识别和评估，为后续环保措施的制定提供依据。

（四）环保措施制定

根据环境影响分析的结果，制定有针对性的环保措施是降低工程环境风险的重要手段。环保措施应包括预防措施、减轻措施和补偿措施三个方面。预防措施旨在通过改进施工工艺、选用环保材料等手段，减轻工程对环境的负面影响；减轻措施则针对工程对环境已经产生的负面影响，采取相应措施进行治理和修复；补偿措施则旨在通过生态补偿、社会补偿等方式，对受损的环境进行补偿和修复。

（五）评估报告编写

评估报告是环境影响评估的最终成果，也是对工程环境影响进行全面阐述和评价的重要文件。评估报告应包括以下内容：工程概述、评估范围与重点、环境资料收集与分析、环境影响分析、环保措施以及结论与建议等。在编写评估报告时，应注重数据的准确性和结论的客观性，确保报告的科学性和权威性。

（六）审批与实施

评估报告编写完成后，需提交相关部门进行审批。审批部门对报告中的内容进行全面审查，确保其符合相关法律法规和政策要求。审批通过后，项目方可按照报告中制定的环保措施进行施工和运营。同时，在施工过程中，相关人员应加强环境管理，确保各项环保措施得到有效落实。

二、污水处理技术

在结构安装工程的施工过程中，污水处理技术涵盖了从污水收集、处理到排放或再利用的全过程。这些技术旨在有效减轻水体污染，保护水环境，并通过合理的工程设计和施工实现水资源的可持续利用。随着人们环境保护意识的增强，污水处理已成为现代城市建设不可或缺的组成部分。

（一）水质监测与评估

在污水处理过程中，水质监测与评估是至关重要的环节。实时监测进出水的水质，评估污水处理效果，有助于及时调整污水处理工艺，保证出水水质符合相关标准。此外，定期的水质评估有助于预测水质变化趋势，为污水处理厂的运营管理提供科学依据。

（二）常用的污水处理技术

1.物理处理技术

物理处理技术主要用到格栅、沉砂池等处理装置，用于去除污水中的悬浮物、油脂等。

2.生物处理技术

生物处理技术包括活性污泥法、生物膜法等，通过微生物的代谢作用去除污水中的有机物和氮、磷等营养物质。

3.化学处理技术

化学处理技术包括化学沉淀法、氧化还原法等，旨在通过添加化学药剂去除污水中的难降解物质和重金属离子。

4.深度处理技术

深度处理技术包括活性炭吸附法、臭氧氧化法等，用于进一步提高出水的水质，满足特定需求。

（三）雨水管理与防洪

雨水管理与防洪是城市排水系统的重要组成部分。建设雨水花园、透水铺装等绿色基础设施，设置雨水的收集利用、调蓄排放等设施，可以有效减少城市径流，降低洪涝风险。同时，结合污水处理厂的尾水利用，可以实现雨水的资源化利用。

（四）河流湖泊修复

河流湖泊修复是改善水环境的重要手段。通过生态修复技术，如湿地建设、水生植物种植等，可恢复河流湖泊的自净能力，改善水质，维护生态系统的平衡。

（五）处理设备与技术的选择

在污水处理过程中，选择合适的设备和技术至关重要。相关人员应根据污水水质、处理要求、经济成本等进行综合考虑，选择高效、稳定、节能的设备和技术。同时，还应关注设备的维护和更新，保证污水处理工作的长期稳定进行。

（六）污水处理厂的运营管理

污水处理厂的运营管理是保证其正常运行的关键。管理人员应建立完善的运营管理体系，该运营管理体系应涵盖人员培训、设备维护、安全生产等内容。同时，还应加强与其他部门的沟通和协作，确保污水处理厂的稳定运行和出水水质的达标。

（七）总结与建议

在结构安装工程中，污水处理技术是实现水资源可持续利用的重要手段。在实际应用中，应充分考虑水质监测与评估、雨水管理与防洪、河流湖泊修复等方面的要求，选择恰当的处理设备和技术，并加强对污水处理厂的管理。在未来，随着科技的不断进步和人们环保意识的增强，污水处理技术将不断得到发展和完善，为水环境保护贡献更多的力量。

三、噪声控制技术

施工噪声是土木工程结构安装过程中常见的污染源之一。为减少噪声对周边居民和环境的影响，在施工过程中，相关人员应采取有效的噪声控制技术。噪声控制包括选用低噪声施工设备、合理安排施工时间、选择隔声材料等。在施工过程中，应严格遵守噪声控制标准，确保施工噪声不会对周边环境和居民造成不良影响。本节将从施工设备降噪、施工管理措施、减振设计与布局优化、隔声材料的选择与应用、噪声监测与评估以及环保教育培训等方面对结构安装工程施工过程中的噪声控制技术进行探讨。

（一）施工设备降噪

1.选择低噪声设备

在土木工程结构安装过程中，应选择符合噪声排放标准的低噪声设备，减轻施工噪声带来的影响。

2.安装降噪装置

对于无法避免的高噪声设备，可以通过安装降噪装置，如消声器、隔声罩等，降低噪声。

3.设备维护与保养

定期对施工设备进行维护和保养，确保设备在良好的状态下运行，可以有效减少因设备故障而产生的噪声。

（二）施工管理措施

1.合理安排施工时间

避免在夜间和午休时间进行高噪声作业，以减少对居民生活的干扰。

2.加强施工现场管理

严格执行施工现场管理规定，确保施工人员按照相关规定操作，减少不必要的噪声。

3.设置隔声屏障

在施工现场周围设置隔声屏障，如声屏障墙、声屏障板等，有效阻隔噪声的传播。

（三）减振设计与布局优化

1.减振设计

通过优化结构设计，减少结构的振动，从而减少噪声。例如，采用阻尼材料和隔振支座等。

2.布局优化

合理布置施工设备和作业区域，减少不同作业区域之间的噪声干扰。

（四）隔声材料的选择与应用

1.隔声材料的选择

在结构安装工程施工过程中，应选用合适的隔声材料，如隔声砖、隔声涂料等，提升结构的隔声性能。

2.隔声材料的应用

根据具体的施工要求和结构特点，合理应用隔声材料，实现隔声效果的最优化。

（五）噪声监测与评估

1.噪声监测

在施工现场应设置噪声监测点，定期监测噪声水平，将噪声控制在规定范围内。

2.噪声评估

对监测结果进行评估，发现问题及时采取措施进行改进，并将评估结果反馈给相关部门和人员，增强噪声控制的针对性和有效性。

（六）环保教育培训

1.增强施工人员环保意识

通过环保教育培训，增强施工人员的环保意识，使其充分认识到噪声污染的危害性和噪声控制的重要性。

2.传授噪声控制技术

对施工人员进行关于噪声控制技术的培训，使其掌握有效的噪声控制方法和技巧，提高其在施工过程中的噪声控制水平。

结构安装工程中的噪声控制是一项综合性的、系统性的工作，需要从多个方面着手，采取有效的噪声控制措施，可显著减少结构安装过程施工中的噪声污染，让人们有一个良好的生活环境。

四、土壤保护技术

在结构安装工程施工过程中，土壤保护是提高工程可持续发展水平的重要环节。不合理的施工活动往往会导致土壤侵蚀、土壤污染和土壤结构破坏等问题，进而对生态系统造成不利影响。因此，采取科学有效的土壤保护技术对于减少施工对土壤的不良影响具有重要意义。本节将从减少土壤扰动、临时覆土层保护、植被恢复与种植、合理施用有机肥料、施工水排放控制以及土壤监测与评估等方面探讨结构安装工程中的土壤保护技术。

（一）减少土壤扰动

1.优化施工方案

通过合理规划和设计施工方案，减少施工活动对土壤的扰动和破坏。例如，采用预制构件、模块化施工等方式，减少现场施工对土壤的挖掘和压实。

2.遵守施工规范

施工人员应严格遵守施工规范，避免过度挖掘、压实或破坏土壤。对于需要挖掘土壤的区域，应合理安排挖掘顺序，减少挖掘面积，减小挖掘深度。

（二）临时覆土层保护

1.覆盖材料选择

对于施工现场裸露的土壤，可在其表面覆盖临时覆土层，以减少雨水冲刷和风化作用对土壤的侵蚀。覆盖材料可以选择可降解土工布、草帘等。

2.保持土壤湿度

通过合理灌溉或覆盖保湿材料，保持临时覆土层的湿度，能有效防止土壤干燥开裂。

（三）植被恢复与种植

1.植被恢复

在施工结束后，及时恢复被破坏的植被，以稳定土壤结构并防止水土流失。可以选择适合当地气候和土壤条件的植物进行种植。

2.植被管理

对恢复的植被进行定期维护和管理，包括浇水、施肥、除草等，以促进植被健康生长。

（四）合理施用有机肥料

1.有机肥料的选择

在需要施肥的区域，优先选用有机肥料，以减少施用化学肥料对土壤造成的污染。

2.精准施肥

根据土壤养分状况和植物生长需求，合理控制施肥量和施肥时间，避免过量施肥导致土壤养分失衡。

（五）施工水排放控制

1.建设排水系统

在施工现场建设完善的排水系统，确保施工水得到合理排放，避免积水和污水对土壤造成污染。

2.污水收集和处理

对施工现场产生的污水进行收集和处理，确保达标排放，减少对土壤和水体的污染。

（六）土壤监测与评估

1.土壤监测

在施工过程中和施工结束后，定期对土壤进行监测，了解土壤质量的变化情况，及时发现和处理土壤污染问题。

2.土壤评估

对土壤保护措施的效果进行评估，总结经验教训，为后续工程的土壤保护工作提供改进方向和依据。

结构安装工程施工过程中的土壤保护是一项综合性、系统性的工作，需要从多个方面着手，采用科学有效的土壤保护技术，有助于最大限度地减轻施工对土壤的不良影响，保持生态系统的稳定性。

五、节能减排技术

随着全球能源危机的日益加剧和人们环境保护意识的增强，在结构安装工程施工过程中，节能减排技术愈发受到重视。采用节能减排技术不仅可以降低工程施工成本，还能减轻施工对环境的影响，实现可持续发展。本节将从材料选择与优化、施工过程优化、智能系统应用、水资源节约利用、废弃物处理以及节能环保设备应用等方面探讨结构安装工程中的节能减排技术。

（一）材料选择与优化

1.绿色建筑材料

选用绿色建筑材料，如低挥发性有机化合物含量的涂料等，能有效减少能源消耗和环境污染。

2.高性能建筑材料

采用高性能建筑材料，如高强度钢、高性能混凝土等，能够减轻结构自重，减少材料消耗和运输过程中的能耗。

（二）施工过程优化

1.预制构件

采用预制构件的方法，能够节约现场加工和安装时间，降低能耗，减少废弃物。

2.精细化管理

通过精细化管理的方法，合理安排施工顺序，能够减少施工过程中的能源浪费和材料损耗。

3.绿色施工技术应用

绿色施工技术，如节水施工技术、降噪施工技术等的应用，能够减少施工过程中产生的环境污染和能源消耗。

（三）智能系统应用

1.智能照明系统

采用智能照明系统，根据室内外光线和人员活动情况自动调节照明亮度，有利于节约电能。

2.智能温控系统

采用智能温控系统，根据室内外环境的变化自动调节空调运行状态，提高能源利用效率。

3.智能能耗监测系统

建立智能能耗监测系统，实时监测工程施工中的能耗情况，从而为节能减排提供数据支持。

（四）水资源节约利用

1.雨水的收集与利用

建立雨水收集与利用系统，将雨水收集起来，经处理后用于满足非饮用需求，如冲厕、绿化等。

2.节水设备应用

在施工过程中选用节水型设备和器具，降低用水量，减少水资源浪费。

（五）废弃物处理

1.废弃物分类

实行废弃物分类收集和处理，将可回收物、有害垃圾等分开处理，提高资源利用率。

2.废弃物资源化利用

对废弃物进行资源化利用，如经过破碎筛分处理的建筑垃圾可作为道路基础回填骨料、混凝土生产原材料等。

（六）节能环保设备应用

1.高效节能设备

选用高效节能设备，如变频空调、高效电机等，减少设备运行过程中的能耗。

2.可再生能源设备

利用可再生能源设备，如太阳能热水器、采用光伏发电系统的设备等，减少对传统能源的依赖。

结构安装工程中的节能减排是一项综合性、系统性的工作，需要从多个方面着手，科学合理地应用节能减排技术，能显著降低结构安装工程施工过程中的能源消耗，减少环境污染，实现可持续发展。

六、可持续材料应用技术

在结构安装工程领域，可持续材料的应用不仅有助于提高工程的生态效益，还能实现经济效益与社会效益的平衡发展。本节将从材料选择与评估着手，分别介绍节能材料、节水材料、生态友好材料及其应用技术，并分析可持续材料应用的社会影响，探讨结构安装工程中的可持续材料应用技术。

（一）材料选择与评估

1.材料选择原则

在结构安装工程施工过程中，应优先选择符合可持续发展原则的材料。这些材料应具备可再生、可回收、低能耗、低污染等特性。同时，还需考虑材料的生命周期成本，包括采购、运输、安装、维护以及废弃处理等环节的成本。

2.材料评估方法

为确保所选材料满足可持续发展的要求，可采用生命周期评估和环境影响评估等方法。这些方法能够全面评估材料在生命周期内对环境的影响，为材料选择提供科学依据。

（二）节能材料及其应用

1.节能材料

在土木工程结构安装中，应尽可能采用节能型材料，如高性能隔热材料、节能玻璃等。这些材料能有效降低能耗，提高能源利用效率。

2.节能材料应用技术

以节能玻璃为例，节能玻璃在土木工程领域最常见的应用环节是采光环节。例如，在建筑立面设置大面积玻璃幕墙，优化室内采光，提高建筑的能源利用率。

（三）节水材料及其应用

1.节水材料

在结构安装工程施工过程中，应尽可能选用节水型材料或节水型器具，如自闭式水龙头、感应式水龙头等。这些材料能够降低建筑物的用水量，提高水资源利用效率。

2.节水材料应用技术

在结构安装工程施工过程中，既要选用节水材料，也要相应地建立节水灌溉系统、雨水收集系统，改善节水材料的应用效果，这样既能节约水资源，又能减轻城市排水系统的压力。

（四）生态友好材料及其应用

1.生态友好材料

在结构安装工程施工过程中，应选用生态友好型材料，如可降解材料、环保涂料等。这些材料能够减少工程对环境的污染，降低生态风险。

2.生态友好材料应用技术

在施工过程中，既要合理利用生态友好材料，又要采取相应的生态保护措施，如设置施工围挡等。同时，还应注意保护施工区域的生态环境，减少对生态系统的破坏。

（五）可持续材料应用的社会影响

1.社会经济效益

在结构安装工程施工过程中，应用可持续材料能够带来显著的社会经济效益，包括降低工程成本、提高工程质量、促进就业等。

2.社会环境效益

可持续材料的应用还能带来显著的社会环境效益，包括减少能源消耗、减少污染物排放、提高环境质量等。同时，可持续材料的应用还能加深公众对环保的认识，推动社会可持续发展。

在结构安装工程施工过程中，可持续材料的应用是实现可持续发展的重要途径。在材料选择与评估的基础上实现可持续材料在工程各个环节的应用，有助于实现生态效益、经济效益和社会效益的协调发展。

第六章 预应力混凝土
工程施工技术

第一节 预应力混凝土及结构

一、预应力混凝土

（一）预应力混凝土的优点

为了防止工程施工中出现混凝土裂缝，必须使用高性能的混凝土和高强度的钢，在建筑物受到外力作用之前，预先对其施加压力，从而减小或抵消荷载所带来的混凝土拉应力，从而提升结构的刚度、强度和抗裂性能。预应力混凝土是一种特殊的建筑材料，通过施加预先确定的张拉力或压力来增加混凝土构件的强度和稳定性，利用预应力钢材的高强度和混凝土的高抗压能力形成协同作用，从而增强结构的承载能力和耐久性。

与普通混凝土相比，预应力混凝土具有强度高、刚度大、抗裂性能好的特点，同时降低了混凝土结构的自重，增强了混凝土构件的稳定性，尤其是在大跨度建筑工程中，其优点更为明显，不但材料用量减少，而且能显著降低工程造价。因此，预应力混凝土在土木工程施工中的应用越来越广泛。

1.强度高

相较于普通混凝土，预应力混凝土的强度更高，能够承受更大的荷载，满足更复杂的工程需求。

2.抗裂性能好

施加预应力能使预应力混凝土的开裂倾向得到有效控制，从而提高预应力混凝土结构的抗裂性能。

3.经济高效

相较于传统的钢筋混凝土结构，预应力混凝土结构可以节省材料，减少施工时间，从而降低施工成本。

4.灵活性强

预应力混凝土结构具有较强的适应性，能够满足各种设计要求，因此在各类土木工程建设项目中得到广泛应用。

当前，预应力混凝土的应用领域包括但不限于桥梁、高层建筑、地下工程等。其中，桥梁工程是预应力混凝土最常见的应用领域之一。由于预应力混凝土具有优异的承载能力和耐久性，在公路、铁路等交通工程中也得到广泛应用。此外，预应力混凝土还被广泛应用于储罐、水池等工程项目。

（二）预应力混凝土的原理

预应力是指预先施加的压力，是为了改善结构服役表现，在施工期间给结构预先施加的压应力，结构服役期间预加压应力可全部或部分抵消荷载带来的拉应力，避免结构破坏。

随着我国建筑工程规模的扩大，人们对建筑整体稳定性的要求越来越高。为了提高土地资源的利用率，必须采用合理的方式提高对年久失修建筑的加固改造技术水平。预应力技术既能够保证建筑的整体支撑能力，又能加固建筑。在工程加固施工过程中，预应力技术的应用优势主要体现在两个方面：一是实现整体结构的加固；二是通过局部加固，提高建筑局部的强度。

在土木工程施工过程中，不同的构件会使建筑整体结构的稳定性和强度受到影响，可以借助受弯构件加固施工，有效提升建筑的稳定性，确保建筑能够承载一定的压力。碳纤维材料是当前建筑材料中耐腐蚀性较好的材料之一，在加固结构方面有较大优势。将预应力技术与碳纤维材料融合起来，能有效地提高建筑构件的承载能力，保证受弯构件对建筑结构的加固效果。

现阶段，我国各城市的建筑工程数量越来越多，房屋建筑的可用面积逐渐缩小。为了提高土地资源的利用率，建筑高度则逐渐增加，这就要求建筑结构的整体承载能力必须符合国家的相关要求。高层建筑施工会使用大量的框架结构，框架结构的稳定性直接影响建筑整体结构的稳定性。因此，施工单位必须加强对混凝土框架结构稳定性的重视。将预应力技术应用到混凝土框架的施工中，能显著增强混凝土框架结构的稳定性。技术人员要对施工现场进行周密的勘查与分析，全面了解混凝土框架的整体情况，并结合实际情况制订科学合理的施工方案。例如，针对混凝土浇筑中出现的混凝土渗漏问题，可以加强对波纹管的防护，从而保证波纹管的安全性。

现代建筑的规模越来越大，高层建筑越来越多，其中很多建筑都是综合性的建筑，在楼层受力方面的要求不同，需要使用结构转换层，将两种不同的结构体系融合在一起，而预应力技术在结构转换层中起着十分重要的作用。在土木工程施工过程中，应发挥预应力技术在高层建筑结构转换层中的应用优势，满足大空间应力的需求，节省空间和材料，以获得较好的应用效果。

土木工程施工过程可能会涉及多跨连续梁的施工，多跨连续梁的施工难度较大，施工人员需要加强对预应力技术的应用，有效提升多跨连续梁的整体刚度。同时，将预应力技术应用到多跨连续梁施工中，还可以加固多跨连续梁的整体结构，提升整体结构的稳定性，避免出现多跨连续梁变形的问题。总之，预应力技术可提升土木工程施工的结构性能、使用性能和工艺性能，从而有效地提高工程的经济效益，因此推动预应力技术在土木工程施工中的应用意义重大。

综上所述，预应力混凝土的原理是通过张拉或压缩预应力钢材，在混凝土上施加预压应力，以减轻或消除混凝土中的内部应力。这样做的目的是使混凝土在荷载作用下能够更好地抵抗外部压力，并提升整体结构的强度和稳定性。预应力混凝土的制作步骤包括钢束或钢筋的张拉、锚固以及混凝土的浇注等，通过这些步骤可以形成预应力混凝土构件。

二、预应力混凝土结构

（一）预应力混凝二结构设计

预应力混凝土结构设计是在确定结构的承载能力和稳定性的基础上，通过合理分析荷载，采用相应的设计准则，以及选择和布置适当的预应力钢筋，来确保结构的安全性与可靠性。预应力混凝土结构设计，主要包括以下几个方面的内容：

1.荷载分析和设计准则的选择

荷载分析是预应力混凝土结构设计的重要步骤之一。在进行荷载分析时，要考虑各种荷载的作用，包括常规荷载（如自重、活荷载）和不利的外部荷载（如地震、风荷载等）。合理分析荷载，有助于确定结构所承受的力和应力分布，为后续的结构设计提供依据。

设计准则是制订设计方案、确定设计参数的依据，设计准则包括国家或行业规范、标准、指南等。在预应力混凝土结构设计中，常用的设计准则包括《预应力混凝土结构设计规范》（JGJ 369—2016）以及各地区的具体相关规范等。这些设计准则对结构的材料特性、施工要求、安全系数等方面进行了详细的规定。设计人员要根据具体的工程施工要求，选择相应的设计准则。

2.预应力钢筋的选择和布置

预应力钢筋是预应力混凝土结构中起关键作用的材料之一。在选择预应力钢筋时，要考虑其强度、延展性和耐久性等。一般情况下，常用的预应力钢筋包括钢丝、螺纹钢筋和钢绞丝等。根据不同的工程需求和设计要求，从这些预应力钢筋中选择合适的材料。

预应力钢筋的布置是指按照一定的间距和位置将预应力钢筋布置在混凝土构件内部。合理的布置可以有效提升混凝土结构的受力性能，更好地发挥其抗拉和承载能力。在布置预应力钢筋时，要根据具体的结构形式、荷载分析结果和设计准则的要求，确保预应力钢筋的优化布置，从而满足结构设计的要求。

3.预应力锚固系统的设计

预应力锚固系统的设计是预应力混凝土结构设计中至关重要的一步。预应力锚固系统的设计旨在确保预应力钢材能够有效地将预应力传递到混凝土构件中，并且使预应力混凝土具有足够的安全性和可靠性。

首先，在设计预应力锚固系统时，要考虑预应力锚具的选择和布置。应根据混凝土构件的几何形状、受力情况以及预应力大小来选择预应力锚具。同时，预应力锚具的布置需要考虑预应力钢材的最佳传力路径，使其合理分布，以确保预应力的均匀施加和传递。

其次，预应力锚固系统的设计还需考虑锚固端的设计。锚固端主要是指将预应力钢材固定在混凝土构件上的部分。在设计锚固端时，要考虑锚固长度、锚固钢材的直径和数量等，确定这些参数时应综合考虑预应力的大小、混凝土构件的尺寸和强度等因素，以确保预应力锚固系统的牢固性和可靠性。

最后，在预应力锚固系统的设计过程中，还要考虑锚固端和混凝土构件之间的界面问题，主要包括锚固端的嵌入长度、与混凝土的黏结强度以及锚固端周围的混凝土尺寸等。处理好锚固端和混凝土构件之间的界面问题，能保证锚固端与混凝土之间的良好传力效果，从而提升整个预应力锚固系统的性能。

4.预应力混凝土构件的设计

预应力混凝土构件的设计是基于预应力原理和混凝土的力学性能进行的。在设计过程中，需要考虑构件的几何形状、受力情况以及预应力的大小等因素，以确保构件的强度、刚度和稳定性等满足设计要求。

首先，在预应力混凝土构件的设计中，要确定构件的截面形状和尺寸。具体来说，应根据构件所承受的荷载和预应力大小来选择合适的截面形状，以满足构件的强度和稳定性要求。同时，还要进行截面尺寸的优化设计，使构件具有更好的经济性和施工性。

其次，确定截面形状和尺寸后，要进行构件的受力分析和计算，包括弯曲、剪切、挠度等方面的计算，以确保构件在荷载作用下的强度和刚度满足要求。同时，还需进行预应力钢材的布置，以提高构件的承载能力。

最后，在预应力混凝土构件的设计过程中，还要考虑施工的可行性和安全性，具体包括施工工艺的选择、施工方法的确定以及预应力钢材的安装和张拉等。在施工过程中，合理的施工方案和严格的施工要求能帮助设计人员安全可靠地完成预应力混凝土构件设计。

5.相关设计软件的应用

随着科技的不断发展，设计软件在预应力混凝土结构设计中的应用越来越重要。设计软件能够提供快速、准确和高效的计算和分析工具，帮助设计人员进行预应力锚固系统和预应力混凝土构件的设计。

在预应力锚固系统的设计中，常用的设计软件有槽形锚具设计软件、锚板设计软件和预应力套筒设计软件等。这些软件可以根据输入的参数和要求，自动生成合适的锚具类型、尺寸和布置方案，并进行相关的计算和分析。设计人员可使用这些软件，快速获取预应力锚固系统的设计结果，并进行进一步的优化和调整。

在预应力混凝土构件的设计中，设计软件也扮演着重要的角色。许多专业的结构设计软件可以帮助设计人员完成截面形状和尺寸的选择，弯曲、剪切和挠度等受力分析的计算，以及预应力钢材的布置和计算等工作。这些软件具备强大的计算和模拟功能，能为设计人员提供准确和可靠的设计数据，大大提高设计效率。

此外，还有一些综合性的建筑信息模型软件可用于预应力混凝土结构的全过程设计和管理。这些软件集成了各种设计和分析工具，能实现对结构模型的三维建模、荷载分析、受力计算、施工仿真等功能。通过使用这些软件，设计人员可以更好地进行预应力混凝土结构整体性能的优化，并与其他设计团队进行信息交流和协作。

总之，相关设计软件的应用为预应力混凝土结构的设计提供了强大的工具。它们不仅能提高设计效率，还能帮助设计人员优化预应力混凝土结构性能，增强其安全性，并促进设计团队的协作。随着科学技术的不断进步和软件功能的不断更新，相关设计软件在预应力混凝土结构设计中的应用将会越来越广泛和深入。

（二）预应力混凝土结构施工

预应力混凝土结构施工是保障预应力混凝土结构质量和性能的关键环节。预应力混凝土结构的施工包括预应力混凝土构件的制造过程、预应力钢筋的张拉和锚固、预应力混凝土构件的安装和拼接以及施工质量控制和验收。

1.预应力混凝土构件的制造

预应力混凝土构件的制造包括混凝土配合比设计、模板制作、钢筋布置和浇筑等步骤。第一，根据设计要求和材料特性，确定适当的混凝土配合比，并进行配合比优化。第二，根据构件的几何形状和尺寸制作模板，确保模板的精确性和稳定性。第三，根据设计要求和预应力钢筋的布置图纸，进行钢筋的加工和布置。第四，进行混凝土的浇筑和养护，确保预应力混凝土构件具备工程所需的强度和耐久性。

2.预应力钢筋的张拉和锚固

预应力钢筋的张拉和锚固是将预应力施加到混凝土构件中的关键步骤。在进行预应力钢筋张拉前，需要先确定预应力钢筋的张拉点和张拉力大小，并根据设计要求选择合适的张拉设备。然后，通过张拉设备对预应力钢筋进行张拉，直至达到设计要求。随后，使用锚具将预应力钢筋固定到混凝土构件上，确保预应力的传递和锚固的牢固性。

3.预应力混凝土构件的安装和拼接

预应力混凝土构件的安装和拼接是预应力混凝土结构施工中不可或缺的环节。在进行构件安装前，要制订合理的安装方案，并确保施工现场的准备工作顺利进行。然后，根据设计要求和安装方案，进行构件的吊装和定位。在预应力混凝土构件拼接前，应进行尺寸和质量的检查。在拼接过程中，要保证构件的几何形状、尺寸、材料、强度等符合设计要求。同时，还需进行适当的调整和修正，以确保构件的稳定性，提升构件的整体性能。

4.施工质量控制和验收

施工质量控制和验收是预应力混凝土结构施工中必不可少的环节。制定严格的质量控制标准和执行规范，可促使施工人员在按质量要求进行施工。同时，根据相关规范和标准，应进行施工质量检查和验收，包括对混凝土强度、钢筋张拉力、构件尺寸和外观等进行全面检测和评估，以确保最终的施工质量达到设计要求。

（三）预应力混凝土结构性能评估与监测

预应力混凝土结构的性能评估与监测是保证预应力混凝土结构安全、可靠和长期耐久的重要手段。预应力混凝土结构的性能评估与监测包括结构的静态和动态性能评估、结构的耐久性评估，以及结构监测技术和仪器设备的应用。

1.结构的静态和动态性能评估

对预应力混凝土结构的静态和动态性能进行评估，旨在对预应力混凝土结构的强度、刚度和稳定性进行检查，并验证其是否满足设计要求和安全标准。结构的静态性能评估主要是通过数值计算和结构分析对结构受力性能进行定量评估；结构的动态性能评估则主要是通过模拟振动试验或使用结构动力学方法，在实际荷载作用下对结构的响应参数进行测量和分析。这些评估方法可以帮助工程师了解预应力混凝土结构的受力机制、承载能力和响应特性，从而指导结构的优化和改进工作。

2.结构的耐久性评估

预应力混凝土结构的耐久性评估旨在评估结构在长期使用和环境作用下的耐久性能，主要包括对混凝土材料的抗渗性、抗冻性、耐化学侵蚀性等进行评估，并通过实验室试验和现场观测等方式，对结构的耐久性进行监测和评估。同时，还需考虑预应力钢筋的腐蚀情况、锚固系统的可靠性等因素。通过耐久性评估，可以确定结构在设计寿命内是否能达到预期的使用要求，并采取相应的维护和加固措施。

3.结构监测技术和仪器设备的应用

结构监测技术和仪器设备的应用是为了实时监测和评估预应力混凝土结构的性能和健康状况，主要包括应变传感器、位移传感器、加速度计等仪器的安装和相关数据采集，以及无损检测技术的应用等。监测结构的变形程度、振动次数、温度等参数，有助于及时发现结构可能存在的问题，如裂缝、变形、振动等，并采取适当的修复和维护措施。监测技术还可用于结构的长期性能评估，帮助人们对结构的实时数据进行分析，判断结构的健康状况，并制定相应的管理和维护策略。

（四）预应力混凝土结构面临的问题

对预应力混凝土结构的设计与施工技术进行研究，是为了借鉴以往工程施工中的经验和教训，指导未来预应力混凝土工程的设计和施工。当前，各种类型的预应力混凝土结构在实际工程中有着广泛的应用，如桥梁、高层建筑、水利工程等。对这些设计技术的研究旨在分析和总结各种结构类型的设计方案，探讨其优势和不足，并通过对实际工程的实地观察和测量，验证设计方案的可行性和有效性。相关技术研究成果不仅可以为工程设计人员提供借鉴，还可以促进预应力混凝土结构设计理论的发展和创新。

在预应力混凝土结构的施工过程中，常常会面临各种技术问题，如预应力钢筋的张拉和锚固、构件的拼接和安装等。妥善解决这些问题对于保障施工质量、提高结构性能至关重要。研究实际工程中的施工技术问题，能帮助人们总结出相应的解决方法和经验教训，促使相关施工单位改进施工工艺，优化材料选择，提高施工技术水平，强化施工质量控制和监测。借鉴相关经验和方法，可以提高预应力混凝土结构的施工效率和质量，避免潜在的施工风险和质量问题。

第二节 预应力混凝土施工技术

在预应力混凝土施工中，应土木工程的结构特点和体系发展状况，将预应力混凝土的主要支撑点设在框架的顶部。针对建筑物顶面偏心的特点，采用预应力混凝土施工可有效地消除这种结构偏差，有效地提升建筑物承重梁柱的稳定性。在土木工程中进行预应力混凝土施工，一方面能使结构的功能达到建筑设计的要求，另一方面能有效地提升结构的稳定性。

一、预应力混凝土施工技术类型和难点

（一）预应力混凝土施工技术的类型

1.全预应力混凝土技术和部分预应力混凝土技术

全预应力混凝土技术是为了防止构件的拉边在荷载作用下产生拉力，在结构承受外荷载之前，预先采用人为的方法在结构内部形成一种应力状态，使结构在使用阶段产生拉应力的区域先受到压应力。这种压应力与使用阶段荷载产生的拉应力部分或全部抵消，从而推迟裂缝的出现、限制裂缝的开裂，提高结构的刚度。全预应力混凝土施工中，相关构件无开裂现象。部分预应力混凝土技术施工时，混凝土构件会出现裂缝，由于工程对裂缝的大小有严格的规定，故为了保证施工安全，裂缝不能超过规定范围。

全预应力混凝土技术所需的材料成本远高于部分预应力混凝土技术，其原因在于：全预应力混凝土技术为了保证预应力强度，需在混凝土中加入大量的预应力钢筋，而部分预应力混凝土技术对预应力强度的要求较低。为保证施工质量，控制施工裂缝，可在部分预应力混凝土的预应力钢筋配置中加入一定数量的非预应力钢筋。

2.黏结预应力混凝土技术和无黏结预应力混凝土技术

黏结预应力混凝土技术的黏结作用会大大降低预应力钢筋的拉应力，同时降低混凝土压应力，为确保施工安全，应尽量减少黏结面积。黏结预应力混凝土的生产设备比较简单，生产方法也比较简单，不需要张拉式支架，适用于制造人造混凝土结构。无黏结预应力混凝土技术的施工方法与普通混凝土类似，先将钢筋放置在预先设计的位置，然后浇筑。

（二）预应力混凝土施工技术难点

虽然预应力混凝土施工技术在建筑工程领域的应用较为广泛，但目前在基层建筑工程中的应用较少，在许多建筑工程中，预应力混凝土施工仍然存在着一定的技术难点，主要表现在以下几个方面：

1.材料配置困难

工作人员在配置材料时，需严格控制配料比例，使结构在承载力和布局上满足整体要求。同时，为了有效减轻材料对结构质量的负面影响，还需严格控制减水剂和细集料的用量。此外，若要进一步提高施工质量，还需要相关施工人员制订施工质量控制计划。在此过程中，施工单位必须以混合材料结构为参照点，有效发挥混凝土结构的稳定性优势。但是，随着越来越多的新型混合材料进入建筑材料市场，且大多数新型混合材料在结构中的成分差异较大，质量标准不统一，难以与传统材料混合在一起，容易给整个工程结构的质量控制带来很大的影响。

2.底板施工难以达到要求

预应力混凝土支座安装及底板施工是施工管理的难点。在施工过程中，经常要用底板钢筋进行支撑以满足承载力要求，一般情况下，单位面积的板材间要采用 25～30 根预应力钢筋，承载板的厚度要达到 120 cm，故很多预应力混凝土底板的施工都难以达到要求。

3.安装质量难以控制

在预应力混凝土的安装过程中，预应力支撑是一种常用的施工技术，在确保结构安全和稳定性方面具有重要作用。预应力支撑点的控制与选择较为复杂，若支撑点位置不合理或存在相关黏结预应力位置误差，将严重影响预应力混凝土的施工效果，甚至影响整个建筑工程的质量。同时，在建筑内部结构的预应力控制中，核心梁、板、柱的承载力配置多采用型钢，容易造成预应力支承波纹管和钢筋等材料在施工过程中互相干扰，而在预应力张拉顶端采用外锚形式的预应力支承柱，也是施工难点之一。

4.预应力混凝土养护困难

预应力混凝土的养护一般采用蒸汽法，但是在养护预应力混凝土时，养护效果受温度的影响较大，一旦温度上升，混凝土中的钢筋就会受到影响，在高温下发生热膨胀，但基座不受温度的影响，因此会产生温差，从而影响预应力的大小。为最大限度地减轻这一问题带来的影响，必须在预应力混凝土施工过程中控制好温度。

二、预应力混凝土施工技术要点

（一）预应力曲线放线

在进行预应力混凝土施工时，要严格按照设计要求的曲线设置梁内波纹管，曲线形状取决于对反弯点、最低点和最高点等特征点的控制。在施工过程中，可在箍筋上画出预应力钢筋图，并按 1.0 m～1.5 m 的间距标准布置控制点。

（二）焊接固定架

在每一个控制点，预应力钢筋由固定框架支撑。一般钢筋绑扎成型后，根据波纹管的管底标高及设计要求的预应力曲线标高，在控制点标注箍筋，在梁箍筋上焊接固定架，间距为 1 000 mm。为了避免混凝土浇筑时发生位移，固定架必须有足够的支承力，直径不小于 10 mm。为了确保固定架的位置准确，应由焊工和放线员一起焊接固定架。

（三）安装波纹管

在预应力混凝土施工中，一般在钢筋绑扎、固定架焊接完成后进行铺管作业。铺设管道时，应先安装固定端锚固板，将波纹管从拉端插入。在进行波纹管的连接时，应按要求使用相同尺寸的管子，长度为 400 mm，每边拧入 150 mm。对接完成后，用胶带密封。波纹管与固定端钢绞线同时用棉线和胶带密封，横梁中的波纹管必须保持笔直，无明显弯曲。

（四）预应力钢筋穿束

施工时，在钢筋绑扎、固定架焊接完毕后，先进行波纹管铺设施工，再进行预应力钢筋穿束施工。完成全部铺装作业后，将风箱绑在固定架上，进行预应力钢筋穿束。预应力钢筋穿束一般采用人工单根穿束。穿束端用胶带或其他材料包裹，以防止在穿束过程中预应力钢筋损坏波纹管。预应力钢筋穿束过程中，以及穿束完毕后，应对波纹管的破损情况进行检查，如果有损坏，立即用防水胶带包缠。

（五）设置排气泌水孔

对于预应力钢筋，应采用固定架控制其垂直位置，使其在水平位置保持顺直。放置并固定好后，在波纹管的最高点和两端的位置，放置分泌孔。作业时，选择波纹管上方位置，设置直径为 20 mm 的圆孔，利用带嘴塑料压板与海绵进行覆盖，同时用铁丝进行固定，做好接头位置的控制。使用的带嘴塑料压板，嘴上的塑料管要延伸至梁面以上 500 mm，兼作泌水孔。

（六）螺旋筋放置与锚垫板安装

在施工过程中，应合理选择预应力张拉端位置，按设计要求布置螺旋筋，以承受局部压力。安装锚垫板时应从波纹管的末端插入，并固定到柱子上。同时，固定端锚具应深入构件（厚度的一半以上）。张拉端和固定端底板应垂直于预应力钢筋。

（七）混凝土浇筑

在预应力钢筋穿束完成后，应对管道的位置和数量进行全面检查和调整。对损坏的波纹管进行检修，并对其隐蔽性进行验收。在达到施工要求后，进行混凝土浇筑作业。浇筑时，应避免振捣器碰到波纹管。在张拉端和梁柱节点采用小直径振动器，防止由蜂窝引起的张拉事故。浇注时，应预留养护条件相同的混凝土试件，将强度试验结果作为预应力钢筋后张拉的依据。

（八）预应力钢筋张拉

应用预应力钢筋张拉技术前，施工人员要先清洁锚杆内部的垃圾，并去除钢筋表面的灰渍，然后进行锚杆的有效连接。锚杆连接完成后，施工人员可以在锚杆孔内刷一层黄油，保证锚杆不会被锈蚀。同时，采用千斤顶定位的方式做好锚杆洞内夹片的敷设工作，要结合施工的实际需求来选择千斤顶和高压油泵。此外，要结合施工设计方案的要求合理调整各项参数，保证预应力钢筋张拉施工稳定进行。

（九）孔道灌浆

预应力钢筋张拉施工结束后，施工人员要根据实际情况进行孔道内的灌浆施工。为了避免锚固设备和钢筋被锈蚀，施工人员要做好对锚固设备和钢筋的保护工作，严格控制抽丝现象出现的概率。全面检查所有的压浆设备，保证压浆施工安全进行。孔道灌浆施工前，技术人员要调节泥浆中各组分原材料的比例，严格控制水灰比。必要时，可使用适量的缩水剂。泥浆灌注工作必须保持连续性，避免出现混凝土凝固的问题，影响灌注的质量。泥浆灌注完成后，应及时排出泥浆内部的气体，全面提高孔道灌注的整体质量。

第三节　预应力混凝土
施工技术的应用

一、在桥梁工程中的应用

随着交通运输业的发展和桥梁工程数量的增多，预应力混凝土施工技术作为一种重要的施工技术，被广泛应用于桥梁工程建设。预应力混凝土能提高桥梁承载能力、减小结构变形、增加桥梁的耐久性，但预应力混凝土施工技术的复杂性和特殊性也给桥梁工程的施工过程带来了挑战。

桥梁工程中的预应力混凝土施工技术是一种通过预先施加的张拉力或压力，使混凝土结构达到预先设计的应力状态，从而提高桥梁工程的承载力的施工技术。

本节以某桥梁工程为例进行说明。该桥梁结构为预应力混凝土结构，采用现代化的施工技术和工艺。该桥梁的总长度为 1.1 km，由数个跨径相连的桥段组成。每个桥段的跨径为 40～60 m，共有 12 个桥墩支撑结构。桥墩由钢筋混凝土构成，高度约为 30 m，桥梁的上部结构由预应力混凝土梁和桥面铺装构成。

（一）梁体预制

在该桥梁工程中，桥梁上部结构主要采用预应力混凝土简支 T 梁结构的方式进行施工，同时采用预制安装的方法进行安装。由于预制工程量非常大，并且沿线需要设置专用的 T 梁预制场，因此施工地点的选择非常重要。应考虑到 T 梁生产与运输的便捷性，防止发生二次运输的情况。

1.台座施工

该桥梁工程中，T 梁台座采用 65 cm 厚的混凝土结构，应用 C20 混凝土材料制作，顶部设置角钢以满足结构的稳定性要求。在现场浇筑作业中，安装模板预留直径为 40 mm 的孔洞。在 T 梁两侧进行混凝土浇筑施工，厚度为 55 cm，底模用 6 cm 钢板连接，焊接牢固。

2.模板施工

模板的设计和计算环节非常重要，必须符合工程建设的标准，并满足相应的承载力要求。模板要具备较高的刚度和强度，能够有效支撑混凝土浇筑过程中的重力和侧向力，以保证结构的稳定性和安全性。模板的结构包括底座模、端头模、侧模等多个部位，不同部位之间要连接好，以确保整体的稳定性和承载能力符合要求。

底座模负责支撑整个模板系统，端头模用于保持梁的几何形状，侧模则用于固定混凝土的浇筑位置。每个部位都要进行严密的连接和固定，以保证模板在施工过程中的稳定性。合理设计和正确安装模板，有助于满足现场混凝土的浇筑要求。

模板具备较高的稳定性，能够承受混凝土的压力和振动，在施工过程中保持形状和尺寸的准确性。同时，模板还具备支撑和固定作用，能保证混凝土的浇筑均匀、密实，从而获得高质量的 T 梁结构。

3.钢筋施工

在桥梁工程项目施工中，进行 T 梁结构施工时，钢筋的密度较大，波纹管的间距比较小，因此在安装阶段存在着一定的难度。在这种情况下，施工人员在作业时需要根据波纹管的安装方式，按照钢筋波纹管安装的规范进行安装。

首先，要结合方案的要求，对钢筋绑扎进行管控，确保钢筋的搭接长度在 30 cm 以上。同时，单面焊接的长度应大于钢筋直径的 10 倍，双面搭接的长度则控制在 50 cm 以上。此外，连接钢筋时，轴线偏差不得超过 2 mm，并且各个焊接点应平滑、完整，避免出现裂缝、焊渣等。在焊接完成后及时清理焊渣，满足现场施工的要求。

其次，在相同截面的钢筋搭接接头设置阶段，考虑到钢筋的承载能力，相应的接头数量应不超过钢筋总数的 50%。另外，在作业台上进行钢筋骨架拼接施工时，要做好相应的防控措施，避免焊接拼装的时候出现变形等问题。拼装结束的骨架要进行刚度和稳定性检测，并且要设置加强筋，切实提高安装总体水平。

4.混凝土施工

在桥梁工程施工的各个环节，要制定完善的管理制度，落实各项监督管理措施，切实提高工程的质量，满足桥梁工程的运行需求——这是保障工程项目运行的关键性措施。尤其在预应力混凝土的振捣和铺设施工环节，要严格按照设计方案和工艺技术标准，确保每个步骤都符合规范化的要求，避免出现违法违规操作的行为，确保工程项目施工顺利进行，以免影响施工的效果和质量。

在施工过程中，要正确使用预应力混凝土施工技术，避免混凝土结构出现质量问题，确保现场浇筑施工的严密性符合标准，预防漏浆等问题。此外，要保证混凝土桥梁结构表面平整、光滑，避免出现沉降病害等问题，保障整体运行的安全性。同时，项目施工单位应确保每个环节都处于监督管控范围内，保证钢筋混凝土材料的质量合格，避免浪费施工材料。

将上述措施全面应用到实践中，有助于提高预应力混凝土桥梁工程的质量，也助于降低项目建设施工成本，提升经济效益，为桥梁工程项目的顺利实施奠定基础。

（二）预应力张拉

在桥梁工程预应力混凝土的施工环节中，预应力张拉是重要的施工工序，优良的预应力张拉施工工艺有助于提升施工效果和质量。该桥梁工程项目采用智能张拉系统进行施工作业，从而保证了张拉施工的精准性，避免引发严重的事故问题。

该桥梁工程项目运用的智能张拉系统包括控制平台、智能张拉仪、智能千斤顶等部分，在施工过程中，严格控制各项技术参数，保证张拉施工的效果，从而提升施工的质量。智能张拉系统在应用过程中有着明显的优势，比如能帮助人们结合桥梁工程建设的实际情况，精准控制预应力。经过现场测算与分析，智能张拉系统能精确控制施工过程中施加的预应力值，可将误差范围由传统张拉的 $\pm 15\%$ 缩小到 $\pm 1\%$，进而符合设计方案和技术标准的要求。

在张拉作业过程中，应全面落实对钢绞线伸长量的检测。智能张拉系统能够自动计算伸长量参数，将其和设计伸长量参数的偏差控制在 $\pm 6\%$ 以内，进而提高整体施工质量。

（三）梁体施工

预制工作和预应力张拉工作结束后，相关人员可将 T 梁集中存放在施工现场，各个部件之间设置枕木，总计需要布置两层，对其加强保护与管理，防止在现场存放和施工过程中发生结构损坏等问题。在 T 梁架设环节，应做好如下工作：

第一，在 T 梁运输阶段，结合现场的具体情况，使用轨道平车、汽车等完成运输作业。

第二，按照如下顺序进行操作：

①预制梁安装。按照侧边梁、中梁、合龙的顺序进行。

②侧边梁安装。在预制侧边梁安装作业阶段，先进行喂梁作业。使用起重机吊装作业，两台设备同时起吊，将其运输到跨中部位，缓慢下放到规定

部位。在距离支垫结构 5 cm 左右的高度，调节安装位置，合格后才能继续下放作业。将横梁移动到规定部位，准确下放，符合精度安装的要求。

③中梁安装。在进行现场安装作业时，首先进行喂梁作业，使用两台吊车同时起吊，把 T 梁纵向运输到规定部位，下放中梁，然后脱开处理，完成中梁结构的安装施工。

第三，架梁方式。对于桥梁项目的施工来说，主要是用双导梁架桥机开展现场架设施工，两侧同时起吊作业，横向移动平车，进行纵轴的安装施工。一个跨段的吊梁工作结束后，移动平车到后部，超出支架与墩顶部位的螺栓，移动到下一部位开展安装作业。吊梁工作完成后，运用双导梁架桥机进行平移操作，将平车横向移动到后部位置，以便进行下一跨段的安装工作。

同时，平车也会进行纵向移动，以便调整位置和高度，使其与下一跨段的支架和墩顶部位对齐。在移动到下一部位后，施工人员要开展必要的准备工作，调整平车位置，固定支架和墩顶。

需要注意的是，要避免对接触面造成干扰，保证安装作业的顺利进行。之后，施工人员根据设计要求和工艺流程，进行吊装操作，并确保梁段准确对接、平稳固定。在吊装过程中，施工人员要密切配合，确保各个环节的安全性。

（四）结构连续施工

T 梁安装工作结束后，要进行平面与高程检测，然后开展 T 梁结构的施工。主要内容如下：

第一，对 T 梁的墩顶与 T 梁间隙进行全面清理，确保没有任何杂物影响施工效果。

第二，绑扎 T 梁墩顶与接缝部位的钢筋，以达到连接稳固的效果。

第三，安装模板，同时在浇筑连接部位上进行混凝土施工，待混凝土强度达到设计标准的 85% 以上时，即可进行墩顶施工，在操作环节要做好对施工过程的控制。

施工时要注意的事项如下：

第一，在施工前，要充分了解设计图纸和施工方案，并勘查施工现场的地基情况、土壤承载力以及其他环境条件，确保施工场地的地基稳定性和承载能力符合预期要求。

第二，在钢筋制作与安装阶段，施工人员要严格按照设计要求来操作，确保钢筋的尺寸和位置准确无误。同时，在安装阶段要做好安装工艺控制工作，避免因违规操作导致的质量问题。

第三，在模板施工阶段，模板的制作和安装必须牢固可靠，要符合设计要求，模板应具备足够的刚度和稳定性，能够承受混凝土浇筑时的压力和振动。同时，针对一些缝隙，施工人员应用垫板进行填补，避免浇筑混凝土时出现漏浆问题。

第四，在浇筑混凝土时，施工人员需注意均匀浇筑，同时控制好混凝土浆液的压力，避免出现空隙或浆液分离现象。此外，在操作阶段，施工人员还要合理控制混凝土的施工温度和湿度，防止过早干燥或过度水化。

二、在公路工程中的应用

本节以某公路为例进行说明。某公路为国省干道，路线全长 112.56 km，其中的一个路段采用斜向预应力混凝土路面，路面层厚度为 23 cm，滑动层厚度为 1.0 cm。与普通的水泥混凝土路面相比，斜向预应力混凝土路面更具应用优势，除能够提高路面的使用性能、延长路面的使用寿命外，还能大幅提升路面的整体质量。因此，为最大限度地发挥斜向预应力混凝土路面的作用，要加强对相关施工技术的研究。

（一）主要原材料

在斜向预应力混凝土路面施工中使用的原材料，要具有较高的强度、较小的收缩徐变。各种原材料的具体要求如下：

1.水泥

水泥是斜向预应力混凝土的重要原材料之一，其性能和质量对混凝土质量具有直接影响，所以要对水泥进行优选，使水泥的各项技术指标均与规范要求相符。

2.集料

集料包括粗集料和细集料两种，其中粗集料可选用工程所在地附近石场中的石灰岩，最大粒径不超过 37.5 mm。粗集料的质地坚硬，表面洁净，各项技术与现行规范要求相符。细集料通常选用中砂，其质量和性能满足斜向预应力混凝土路面的施工技术要求。

3.减水剂

为避免混凝土早期开裂，在斜向预应力混凝土制备过程中，需加入适量的高效减水剂。在该公路工程施工中，根据现场试验所得的结果，确定减水剂的掺量为 0.8%。加入减水剂，能使混凝土施工和易性得到显著增强，水灰比随之降低。

4.预应力钢筋

与普通混凝土不同，斜向预应力混凝土中需加入预应力钢筋。该公路工程施工中选用的预应力钢筋为无黏结预应力钢绞线，经检测，无黏结预应力钢绞线的抗拉强度、伸长率等各项技术指标均与规定要求相符。钢绞线的套管为聚乙烯材质，在运输过程中，要尽可能减少倒运的次数。

施工人员在操作时，应遵循轻拿轻放的原则，以免造成钢绞线损坏，影响使用。如果钢绞线套管在铺放的过程中受损，可使用胶带对破损的部位进行处理。需要特别注意的是，钢绞线必须使用砂轮切割机下料，不得用气焊切割，应按照施工要求，确定下料的长度，减少材料浪费。

5.锚具

在对钢绞线进行张拉时，需要使用锚具。根据施工要求，张拉在路肩一侧展开，其中张拉端和固定端的锚具，分别选用夹片和挤压锚具。所用锚具的各项技术性能，应与规定要求相符。

6.模板

在该公路工程施工中，预应力钢筋采用斜向交叉的方法布设。基于此，要对张拉端一侧的模板刻矩形槽，以确保钢绞线从模板中顺利通过。固定端的模板按照常规的步骤操作即可。

（二）施工技术要点

1.施工准备

在斜向预应力混凝土路面施工正式开始前，应做好相关的准备工作，为施工的有序开展创造条件。

第一，施工单位进场后，要先了解工程的设计意图，明确施工重点环节和关键工序。同时，设计单位应向施工单位进行技术交底，使施工单位对工程建设的质量目标和控制措施有所了解。

第二，施工前，相关人员要先检查基层和结构层的质量，确保其与国家现行规范标准的规定相符。若存在质量不合格的情况，则应及时采取有效的方法和措施加以处理。

第三，各类施工原材料进场时应由专人负责，按规范要求验收并对材料进行全面检查，确保原材料的数量、性能、质量等方面满足施工要求。确认无任何问题后，方可在施工中使用。

2.支立模板

第一，在该公路工程施工中，外侧模板要选用钢模板，为使预应力钢筋能从钢模板上顺利穿出，在钢模板制作过程中，以拼接的方式使槽钢形成整体，每间隔 1.0 m 左右，用矩形钢对槽钢进行焊接加固，在槽钢中间位置处形成孔道，为张拉端预应力钢筋的伸出创造有利条件。

第二，内侧的模板由厚度为 5.0 mm 的矩形钢加工而成，以焊接的方式，用角钢将两块矩形钢组合到一起，并在钢模板的内侧均匀涂抹一层脱模剂。由于该公路工程中使用的钢模板比较厚，因此模板本身的重量比较大，可以承受更大的摊铺压力。

第三，为保证钢模板的稳固性，可将固定套管设置在槽钢的内侧，共计八根，均匀排列。支模时，将弯钩支架套入固定套管中，并将支架固定在地面基层，从而形成一个稳定性比较强的三角形结构。这一做法除了能够提增强钢模板的稳定性外，还能有效解决摊铺机作业时造成的晃动问题。模板支设好以后，要由专人负责，按规范标准的要求进行全面检查，确认合格为止。

3.滑动层铺设

在斜向预应力混凝土路面施工中，滑动层铺设是一个较为重要的环节，与路面的整体质量密切相关，因为要对滑动层的铺设予以高度重视。具体的实施要点如下：

第一，要严格按照现行规范标准的规定要求铺设滑动层。根据路面结构的设计要求，滑动层所在的位置为面层与基层，为确保滑动层的质量达标，应在铺设前将基层表面找平。

第二，在预应力混凝土路面工程中，比较常用的滑动层材料有沥青砂、油毛毡、聚乙烯薄膜等，将上述材料与细料组合后，便形成滑动层。常用的细料有两种，一种是具有统一粒径的砂，另一种是废旧沥青磨细料。需要注意的是，细料摊铺抹平后，应确保其厚度在 20 mm 以内。

第三，在对滑动层铺设时，应注意如下事项：要将基层整平，基层表面不得存在凸起或凹陷等情况；砂层应洁净，杂质的含量不得超标，并且要保证砂层摊铺的均匀性；在砂层上覆盖聚乙烯薄膜时，要将薄膜拉平，使其与砂层充分接触，避免出现局部鼓包现象。

4.制作预应力钢筋

第一，先将油泵的管路与镦头器回油嘴相连接，随后启动油泵，将管路内的空气排出。从镦头器的前端将预应力钢筋送入镦头器的内部，使其与底部相接触并将进油开关封闭，使镦头器内的夹片将预应力钢筋固定，不断推动以对钢筋进行镦头。当控制压力达到 40 MPa 后，便可将进油开关松开。在回油开关封闭后，对安全阀加以调节，让液压油进入回程腔内，当镦头器的回程压力达到 10 MPa 后，将回油开关松开，镦头器内的夹片卸力，将镦头预应力钢筋从镦头器内抽出；从没有镦头的一端，将镦头锚套入，直至达到预应力钢筋的镦头处，这样固定端镦头便制作完成。

第二，在实际操作中，为确保固定端预应力钢筋的制作质量，要确保油管正确连接，随后将管路内的空气排出，防止出现压力不稳定的情况。镦头预应力钢筋的断面应与钢筋垂直，以保证镦头的位置准确、大小均匀。镦头时，要将预应力钢筋平直送入镦头器，直至达到底部，从而保证镦头效果。

5.制作构造钢筋

第一，在该公路工程施工中，构造钢筋为纵向钢筋，沿路面纵向布置。在制作时，选用的是直径 10 mm 的光圆钢筋，布置方式为上下两层，每层布置的数量为 2 根，长度在 4.0 m 左右。构造钢筋设好以后，需要在构造钢筋上固定绑扎箍筋，相邻箍筋与构造钢筋成 45°角，根据顺序排列，组成钢筋笼。箍筋与构造钢筋在平面构成 U 形样式，不但能使锚固端预应力钢筋的摆放位置更加准确，而且能使局部的受压分布更为均匀。

第二，在预应力混凝土路面纵向两端无预应力钢筋的区域，可以用直径 10 mm 的钢筋绑扎成钢筋网片进行加强。在操作构造钢筋时，应先调直，将其长度控制在 4.0 m 左右，避免过长引起弯折，影响质量。

6.固定钢筋笼

第一，当钢筋笼绑扎完毕后，将其放入模板内侧，与模板的距离控制在 5.0 cm 左右。放置钢筋笼时要确保接头顺序正确，相邻钢筋笼的搭接长度应不低于 30 cm。接头两端的箍筋方向应相反，间距与相邻箍筋的间距保持一致，并将接头钢筋焊接牢固。

第二，钢筋笼安装就位后，应每隔 1.0 m 左右用电钻在挖侧路基处钻孔，孔眼应交替布设。钻好后，向孔内植入直径 8.0 mm 的钢筋，与钢筋笼牢固焊接到一起，使钢筋笼与地面保持 5.0 mm 的距离。

第三，将补强钢筋笼置于板端当中，与板端两侧保持 25 cm 左右的距离。在板端下部，每隔一个交叉点放入一个支撑架，用扎丝绑扎牢固。

7. 布置预应力钢筋

预应力钢筋的材质与工程质量关系密切。在该公路工程施工中，经过对比，采用高强钢丝作为预应力钢筋，与路面成 45°角进行布设，采用双向交叉的方式布置。预应力钢筋的间距控制在 50 cm。预应力钢筋的布置要点如下：

第一，在高强钢丝上套入钢垫板，使其紧贴镦头锚。将锚固端与垫片置于模板内侧钢筋处，通过点焊将垫片与钢筋牢固焊接到一起。垫片固定后，应与钢筋保持垂直，从而形成固定端。

第二，在张拉端穿好三角铁，从外侧模板中间部位伸出。用点焊的方法将三角铁与构造钢筋焊接到一起，垫片的穿孔面应与预应力钢筋垂直，将此作为张拉端。

第三，采用双向交叉的方式布置预应力钢筋，在预应力钢筋布置完毕后要及时校直，确保钢丝与路面的夹角满足设计要求。校直钢丝时，可以使用线绳。校直完毕后，用扎丝对交叉点进行绑扎固定。

8. 混凝土浇筑

第一，为使混凝土板块达到工程建设的要求，在斜向预应力混凝土路面施工时，应确保浇筑一次性完成。在没有特殊情况的前提下，浇筑期间不得出现中断现象。由于预应力结构的存在，混凝土运输车无法进入模板内侧卸料，增加了混凝土的浇筑工序。经研究，该公路工程决定采用泵送的方法浇筑混凝土，并用挖掘机配合作业。在混凝土浇筑的过程中，要将模板内侧的部位振捣密实，保证模板的位置不变。工人不得站在预应力钢筋上，以免引起偏移，影响浇筑质量。

第二，斜向预应力混凝土路面浇筑完毕后，应及时按照规范要求进行养护，可采用覆盖土工布并在表面洒水润湿的方式，防止混凝土开裂。当达到规范要求的养护时间后，要及时将土工布揭掉。在养护时，如果气温出现较大幅度的变化，要做好保温工作，以免因温差过大引起路面开裂。

9.锚具安装

混凝土达到设计强度后，便可将模板拆除。在拆模的过程中，为避免造成路面损伤，不得用力过大。拆除模板后，要及时去除路面外侧的薄铁皮并安装张拉端锚具。

10.预应力张拉与封锚

第一，在路面浇筑过程中，混凝土失水收缩可能会产生裂缝。当混凝土强度达到设计强度的 30%以上时便可开展首次张拉，使混凝土路面的早期抗拉强度得到提升，从而防止早期开裂。当混凝土强度达到设计强度的 70%以上时，便可开展二次张拉作业，采用设计的张拉力，稳定张拉 3 min。为确保预应力值准确无误，应在首次张拉前对张拉设备进行校准，预应力钢筋的张拉方式如下：两台设备同时张拉第一根钢筋，逐次张拉至最后一根钢筋。张拉过程中要严格控制张拉力。

第二，在预应力钢筋二次张拉完毕后，应及时截断位于路面外部的张拉端预应力钢筋，并用预先制备好的水泥砂浆封锚。这一做法不但能避免张拉端锚具在空气中受潮遭锈蚀，而且能防止伸出的钢筋划伤过往车辆。

在斜向预应力混凝土路面施工期间，应对如下事项加以注意：

首先，固定端的垫板要与锚具紧密接触，二者不得留有缝隙。

其次，铺设预应力钢筋后，要及时校直并对预应力钢筋进行支撑，可用扎丝将预应力钢筋绑扎牢固，防止混凝土浇筑时移位。此外，浇筑混凝土时，应避免大量倾倒，施工人员不得踩踏预应力钢筋；要将混凝土振捣密实，确保强度达标，以免张拉时造成混凝土受损。

最后，在公路工程斜向预应力混凝土路面施工中，除合理选择主要原材料外，还要进一步了解并掌握相关的施工技术要点，避免对工程质量造成不利影响。

第七章　防水工程施工技术

第一节　屋面防水工程

屋面作为建筑工程中十分重要的部分，其质量的优劣在很大程度上影响着整个建筑物的使用寿命和安全性能。在防水工程施工中，屋面防水施工技术的应用占据着十分重要的地位。

一、防水屋面的类型

（一）卷材防水屋面

1.卷材防水屋面构造

卷材防水屋面一般由结构层、结合层、隔气层、保温层、找平层、防水层和保护层构成。其中，在一定的气温条件和使用条件下可以不设置隔气层和保温层。

卷材防水屋面属于柔性防水屋面，重量轻，防水性能较好，尤其是防水层具有良好的柔韧性，能适应一定程度的结构振动和胀缩变形。缺点是造价较高，沥青防水卷材易老化，并且进行卷材防水屋面施工需要考虑当地温度、地基变形程度、结构形式、使用条件等因素。

2.卷材防水屋面的材料

（1）沥青

沥青是一种有机胶结材料，主要分为石油沥青、煤焦沥青和天然沥青。在土木工程中，目前常用的是石油沥青。石油沥青按用途可分为建筑石油沥青、道路石油沥青和普通石油沥青三种。建筑石油沥青黏性较高，多用于屋面防水和地下工程防水；道路石油沥青则用于拌制沥青混凝土和沥青砂浆，在铺设路面时应用；普通石油沥青由于温度稳定性差，黏性较低，在建筑工程中一般不单独使用，而是与建筑石油沥青掺配，经氧化处理后使用。

使用沥青时，相关人员应注意沥青的来源、品种及牌号等。在储存时，应根据不同品种、牌号分别存放，避免雨淋和阳光直接照射，并远离火源。

（2）防水卷材

防水卷材按组成材料的不同，主要可分为合成高分子防水卷材、高聚物改性沥青防水卷材、石油沥青防水卷材和金属卷材。

①合成高分子防水卷材。合成高分子防水卷材是以合成橡胶、合成树脂或二者的共混体为基料，加入适量的化学助剂和填充剂等，经不同工序加工成的可卷曲的片状防水材料，或将上述材料与合成纤维进行复合形成的两层或两层以上可卷曲的片状防水材料。

目前，常用的合成高分子防水卷材有三元乙丙橡胶防水卷材、氯化聚乙烯防水卷材、氯化聚乙烯-橡胶共混防水卷材等。合成高分子防水卷材的外观质量必须满足以下要求：每卷折痕不超过 2 处，折痕总长度不超过 20 mm；不允许出现粒径大于 0.5mm 的杂质颗粒；每卷胶块不超过 6 处，每处面积不大于 4 mm²；每卷缺胶不超过 6 处，每处不大于 7 mm；深度不超过本身厚度的 30%。

②高聚物改性沥青防水卷材。高聚物改性沥青防水卷材是以合成高分子聚合物改性沥青为涂盖层，纤维织物或纤维毡为胎体，粉状、粒状、片状或薄膜材料为覆盖材料制成的可卷曲的片状防水材料。目前，常用的高聚物改性沥青防水卷材有 SBS 弹性体改性沥青卷材、APP 塑性体改性沥青卷材、自

黏改性沥青卷材等。

③石油沥青防水卷材。石油沥青防水卷材，俗称油毡，是用高软化点的石油沥青涂盖纸胎两面，再撒上滑石粉（粉毡）或云母片（片毡）而形成的防水材料。屋面防水工程中常用的有 350 号石油沥青卷材、500 号石油沥青卷材，优点是强度较高，施工方便。

④金属卷材。金属卷材是以铅、锡、锑等金属材料为基料，经熔化、浇注、辊压而成的可卷曲的防水材料。其特点是耐老化，耐腐蚀能力强。

目前，屋面防水工程中使用较为广泛的防水卷材主要是高聚物改性沥青防水卷材和合成高分子防水卷材，尤其是合成高分子防水卷材，具有强度高、延伸率大、耐热性能好、低温柔性好、耐腐蚀、耐老化、可冷施工等优点，是今后防水卷材发展的重点。

不同品种、标号、规格的卷材，应分别直立堆放，堆放层数不得超过两层；存放环境应选择阴凉通风的室内，避免雨淋、日晒和受潮；严禁接近火源和热源，避免与化学介质或有机溶剂等接触。

（3）基层处理剂

基层处理剂是为了增强防水材料与基层之间的黏结力，在防水层施工前，预先涂刷在基层上的涂料。常用的基层处理剂是冷底子油，它是用 10 号或 30 号石油沥青加入挥发性溶剂配制而成的溶液。冷底子油分为慢挥发性冷底子油和快挥发性冷底子油，将石油沥青与轻柴油（或煤油）以 4∶6 的配合比调制而成的冷底子油为慢挥发性冷底子油，喷涂后 12～48 h 干燥；将石油沥青与汽油（或苯）以 3∶7 的配合比调制而成的冷底子油为快挥发性冷底子油，喷涂后 5～10 h 干燥。调制冷底子油时，先将熬好的沥青倒入料桶，再加入溶剂，并不停地搅拌，直至沥青全部溶化。

冷底子油具有较强的渗透性和憎水性，并能使沥青胶结材料与找平层之间的黏结力增强。喷涂冷底子油一般应在找平层干燥后进行，若需在潮湿的找平层上喷涂冷底子油，则应在找平层水泥砂浆略具强度且能操作时进行。冷底子油可喷涂或涂刷，涂刷应薄而均匀，不得有空白、麻点或气泡。待冷底子油的油层干燥后，即可铺贴卷材。

（4）胶黏剂

用于黏贴卷材的胶黏剂，可分为基层与卷材黏贴剂、卷材与卷材搭接的胶黏剂、黏结密封胶带等；按组成材料的不同，又可分为沥青胶黏剂和合成高分子胶黏剂。

沥青胶黏剂是在石油沥青中按一定量掺入填充料（多为粉状或纤维状矿物质）混合熬制而成的，主要用于黏贴油毡作防水层，或作为沥青防水涂层，也可用于接头填缝。在制作沥青胶黏剂的时，加入填充料的作用是提高耐热性，增加韧性，增强抗老化性能。填充料的掺量一般应遵循以下原则：采用粉状填充料（如滑石粉等）时，掺入量为沥青质量的 10%～25%；采用纤维状填充料（如石棉粉等）时，掺入量为沥青质量的 5%～10%。填充料的含水率不宜大于 3%。

合成高分子胶黏剂是以合成弹性体为基料的专用胶黏剂，主要作为高聚物改性沥青防水卷材和合成高分子防水卷材的黏贴材料。合成高分子胶黏剂按固化机理的不同，可分为单组分和双组分两个类型；按施工部位的不同，又可分为基底胶、搭接胶和通用胶三个品种，基底胶是用于卷材与防水基层黏结的胶黏剂；搭接胶是用于卷材与卷材黏结的胶粘剂；通用胶则是兼具基底胶和搭接胶功能的胶黏剂。

3.卷材防水屋面的施工

（1）沥青卷材防水屋面的施工

①基层处理。基层处理质量的好坏，直接影响着屋面防水施工质量的高低。为了使基层有足够的强度和刚度，承受荷载时不产生显著变形，基层一般采用以水泥砂浆、沥青砂浆和细石混凝土为材料的屋面找平层。水泥砂浆配合比（体积比）为 1∶2.5～1∶3，水泥强度等级不低于 32.5 级，找平层厚 15～30 mm；沥青砂浆配合比（质量比）为 1∶8，找平层厚 15～25 mm；细石混凝土强度等级不低于 C20，找平层厚 30～35 mm。

为防止由温差及混凝土构件收缩导致的卷材防水层开裂，找平层应留分格缝，缝宽为 20 mm，其留置位置应在预制板支承端的拼缝处，其纵横间距应遵循以下原则：水泥砂浆或细石混凝土找平层，不宜大于 6 m；沥青砂浆找平层，不宜大于 4 m，并于缝口上加铺 200～300 mm 宽的油毡条，用沥青胶结材料单边点贴，以防结构变形将防水层拉裂。在突出屋面结构的连接处，以及基层转角处，均应做成边长为 100 mm 的钝角或半径为 100～150 mm 的圆弧。找平层应平整坚实，无松动、翻砂和起壳现象。

②卷材铺贴。卷材防水层铺贴应在屋面其他工程全部完工后进行。卷材铺贴前，应先熬制好沥青胶，清除卷材表面的撒料。沥青胶中的沥青成分应与卷材中沥青成分相同。卷材铺贴层数一般为 2～3 层，沥青胶铺贴厚度一般为 1～1.5 mm，最厚不得超过 2 mm。

应根据屋面坡度或是否受振动荷载来确定卷材的铺贴方向。当屋面坡度小于 3%时，宜平行于屋脊进行铺贴；当屋面坡度大于 15%，或屋面受振动荷载时，应垂直于屋脊进行铺贴；当屋面坡度为 3%～15%时，可平行或垂直于屋脊进行铺贴。卷材防水屋面的坡度不宜超过 25%，否则应在短边搭接处用钉子将卷材钉入找平层内固定，以防卷材下滑。此外，在铺贴卷材时，上下层卷材不得互相垂直铺贴。

平行于屋脊进行铺贴时，应由檐口开始。两幅卷材的长边搭接应顺流水方向，短边搭接应顺主导风向。平行于屋脊进行铺贴的效率高，材料损耗少。此外，由于卷材的横向抗拉强度远比纵向抗拉强度高，因此此方法可防止卷材因基层变形而产生裂缝。

垂直于屋脊进行铺贴时，应从屋脊开始向檐口进行，以免出现沥青胶超厚而铺贴不平等现象。长边搭接应顺主导风向，短边搭接应顺流水方向。同时，屋脊处不能留设搭接缝，必须使卷材相互越过屋脊交错搭接，以增强屋脊的防水性和耐久性。

卷材的铺贴要按照以下顺序进行：先高跨、再低跨；先远再近；先高再低。对同一坡面，应先铺好雨水口、天沟、女儿墙和沉降缝等地方，尤其应先处理好泛水处，然后按顺序铺贴大屋面的卷材。

卷材的铺贴方法应符合下列规定：卷材防水层上有重物覆盖或基层变形较大时，应优先采用空铺法、条黏法或机械固定法，但在屋面周边 800 mm 内，以及叠层铺贴的各层卷材之间，应采用满黏法。采取满黏法施工时，找平层的分隔缝处宜空铺，空铺的宽度宜为 100 mm。

卷材防水层铺设完毕并经检查合格后，应立即进行绿豆砂或者细石混凝土保护层的施工，以减少阳光辐射，降低屋面表层的温度，防止沥青流淌，减少卷材磨损，推迟沥青的老化时间，延长防水层的使用年限。

（2）高聚物改性沥青卷材防水屋面的施工

①基层处理。高聚物改性沥青卷材防水屋面可用水泥砂浆、沥青砂浆和细石混凝土找平层作为基层。要求找平层抹平压光，坡度应符合设计要求，不允许有起砂、掉灰和凹凸不平等缺陷，含水率一般不宜大于 9%，找平层不应有局部积水现象。找平层与突起物（如女儿墙、烟囱、通气孔、变形缝等）相连接的阴角，应做成均匀光滑的小圆角；找平层与檐口、排水口、沟脊等相连接的阳角，应抹成光滑一致的圆弧形。

②施工要点。高聚物改性沥青卷材防水屋面的施工方法有冷黏法、热黏法、热熔法和自黏法四种。目前，在实际施工中应用最多的是热熔法。高聚物改性沥青卷材防水屋面的搭接要求与沥青卷材防水屋面的搭接要求相同。

为了屏蔽或反射阳光的辐射，延长卷材的使用寿命，在防水层铺设工作完成并经过检验合格、清扫干净后，可在防水层的表面边涂刷冷黏剂边撒蛭石粉，或均匀涂刷银色、绿色涂料，或采用水泥砂浆、块料、细石混凝土作保护层。

高聚物改性沥青卷材防水屋面的施工严禁在雨雪天、五级及以上风力等天气条件下进行，环境温度低于 5 ℃不宜施工。热熔法施工环境温度不宜低于－10 ℃。

（3）合成高分子卷材防水屋面的施工

合成高分子卷材防水屋面的施工方法一般有冷黏法、自黏法、焊接法和机械固定法四种。目前，在实际施工中多使用冷黏法。合成高分子卷材防水屋面施工环境温度要求：冷黏法不低于 5 ℃，焊接法不低于－10 ℃。

（二）涂膜防水屋面

涂膜防水屋面是在屋面基层上涂刷防水涂料，经固化后形成一层有一定厚度和弹性的整体涂膜，从而达到防水的目的。

涂膜防水屋面的施工主要包括下列内容：

1.基层处理

涂膜防水屋面施工时，要求基层的刚度大，空心板安装牢固，找平层有一定强度，表面平整、密实，不应有起砂、起壳、龟裂、爆皮等现象。表面平整度用 2 m 直尺检查，基层与直尺的最大间隙不应超过 5 mm，间隙仅允许平缓变化。基层与突出屋面结构连接处以及基层转角处应做成圆弧形或钝角。

此外，应按设计要求做好排水坡度设计，不得有积水现象。施工前应将分格缝清理干净，不得有杂物和浮灰。对屋面的板缝处理应遵守有关规定。基层干燥后，方可进行涂膜防水层施工。

2.涂膜防水层施工

用涂膜防水材料基层处理剂稀释后再使用，其配合比应根据不同防水材料的要求进行设计。

涂膜应根据防水涂料的品种分层、分遍涂布，不得一次涂成。待先涂布的涂料干燥成膜后，方可涂布后一遍涂料，且前后两遍涂料的涂布方向应相互垂直。如需铺设胎体增强材料，屋面坡度小于 15%时，可平行于屋脊进行铺设；屋面坡度大于 15%时，应垂直于屋脊进行铺设，并由屋面最低处向上进行。

胎体增强材料的长边搭接宽度不得小于 50 mm，短边搭接宽度不得小于 70 mm。采用两层胎体增强材料时，上下层不得垂直铺设，搭接缝应错开，且间距不应小于幅宽的 1/3。

涂膜防水涂料应采用高聚物改性沥青或者合成高分子防水涂料。涂膜防水层应沿找平层分格缝增设带有胎体增强材料的空铺附加层，空铺宽度宜为100 mm。

严禁在雨雪天、五级及以上风力的天气条件下进行涂膜屋面防水层的施工；基层含水率大、环境气温低于 5 ℃或高于 35 ℃时不宜施工。

涂膜防水层上应设置保护层，以延长防水层的使用年限。保护层材料可采用细砂、云母、蛭石、浅色涂料、水泥砂浆、块体材料或细石混凝土等。采用水泥砂浆、块体材料或细石混凝土时，应在涂膜与保护层之间设置隔离层。水泥砂浆保护层厚度不宜小于 20 mm。

（三）刚性防水屋面

1.刚性防水屋面构造

本节所讲的刚性防水屋面指的是细石混凝土刚性防水屋面，一般是在屋面板上浇筑一层厚度不小于 40 mm 的细石混凝土，作为屋面防水层。刚性防水屋面的坡度宜为 2%～3%，并应采用结构找坡，混凝土强度等级不得低于C20，水灰比不应大于 0.55。为了使刚性防水屋面受力均匀，有良好的抗裂和抗渗能力，在混凝土中应配置直径为 4～6 mm，间距为 100～200 mm 的双向钢筋网片，且钢筋网片在分格缝处应断开，其保护层厚度不应小于 10 mm。

防水层的细石混凝土宜用普通硅酸盐水泥或硅酸盐水泥，不得使用火山灰硅酸盐水泥；当采用矿渣硅酸盐水泥时，应采取减小泌水性措施；粗骨料粒径不宜大于 15 mm，含泥量不应大于 1%；细骨料应采用中砂或粗砂，含泥量不应大于 2%；拌和水应采用不含有害物质的洁净水。

2.刚性防水屋面施工工艺

（1）分格缝设置

对于大面积的细石混凝土防水层，为了避免受温度变化等影响而产生裂缝，必须设置分格缝。分格缝的位置应根据设计要求而定，一般应设置在结构应力变化较大的部位，如屋面板的支承端、屋面转折处，或防水层与突出屋面的交接处，并应与板缝对齐，其纵横间距不宜大于 6 m。一般情况下，屋面板的支承端每个开间应留横向伸缩缝，屋脊应留纵向伸缩缝，分格的面积以 20 m² 左右为宜。

（2）细石混凝土防水施工

在浇筑混凝土之前，为减少结构变形带来的影响，宜在基层与防水层间设置隔离层。隔离层可采用纸筋灰或麻刀灰、低强砂浆、干铺卷材等。隔离层做好后，应先在隔离层上定好分格缝位置，再用分格木条隔开作为分格缝，一个分格缝内的混凝土必须一次性浇完，不得留施工缝。

浇筑混凝土时应保证双向钢筋网片设置在保护层中部，混凝土应采用机械振捣密实，表面泛浆后抹平，收水后再次压光。抹压时严禁在表面洒水、加水泥浆或撒干水泥。待混凝土初凝后，将分格木条取出，分格缝处必须采取防水措施，通常采用油膏嵌缝，缝口上覆盖保护层。

混凝土浇筑后，应及时进行养护，养护时间不宜少于 14 天。养护初期屋面不得上人。刚性防水屋面施工时的环境温度宜为 5～35 ℃，避免在负温度或烈日暴晒下施工，以保证防水层的施工质量。

二、屋面防水施工工艺

（一）科学设置隔离层

环境污染是经济社会发展中十分突出且持续时间较长的问题，在工业发达的地区，酸雨问题比较严重，我国的东南沿海地区受环境因素影响容易出现过度潮湿的问题，这些都会威胁建筑的安全，因此进行屋面防水施工是非常重要的环节。在设置隔离层时，土木工程施工中的普遍做法是用冷底子油作为前期铺设，防水层则是在之后进行浇筑。采用科学合理的工艺后，屋面的防水性能得到提升，不容易受到环境的影响，有利于延长建筑物的寿命。

（二）建设保温层结构

在冬季气候比较寒冷的地区，为了使建筑物能抵御严寒，在其表面应采用保温效果较好的材料，一般采用平铺的施工方式，完成后，对于留下的空隙再使用具有特殊作用的材料进行填充，使建筑物保持高密度。在施工过程中，为了保证材料的平整性和整个建筑物的坚固性，必须采用标准的设计图纸，设定标准的施工坡度及材料的实际厚度。为了不影响保温层的保温效果，在保温层铺设完毕后，还要根据建筑工程的具体情况进行压实操作。

（三）找平层施工

在进行找平层施工前，要按照工程的设计数据进行实地测量，再用墨线法进行标注，然后进行具体的找平层施工。在各层厚度与工程要求相符的情况下，对凸出部分进行凿削，以保证平整度符合规范。可塑性强的材料，如水泥砂浆或沥青砂浆，可起到平整表面的作用；使用3%结构找坡并增强层与层之间紧密度的方法，也可以提高平整度；流水坡度和泛水坡度都能在一定程度上影响坡度的平整性，因此要合理设置坡度，保证平整度符合要求。对泄水口位置和厚度的控制，有利于保障测量数据的准确性。为了延长防水层的使用寿命，提高其防水效果，在施工过程中，必须在找平层和刚性层之间增加隔离层。

（四）防水层施工

1.干燥度检测

在防水层与基层之间需要有较强的黏合强度，为了增强它们之间的黏合力，基层一定要保证干燥，避免凹凸不平。在进行干燥度检测时，可将小块的防水材料铺装在基层上，并且在工程要求的时间内没有在材料下发现水印，则说明干燥度符合继续施工的标准。

2.铺设防水材料

在基层的表面上应均匀涂抹基层处理剂，在大面积涂抹之前，应先在连接节点和转角连接部位均匀涂抹处理剂。为了保证基层处理剂与防水卷材之间具有良好的相容性，在选择基层处理剂时，要依据防水卷材的规格和类型。为了保证卷材铺设的整体牢固性，对于雨水口等薄弱环节的处理，要严格按照施工标准进行施工，避免出现渗漏现象。

（五）分格缝设置

防水层的作用能否得到有效发挥，会受到天气的影响，昼夜温差大可能会导致防水层出现裂缝。为了避免这一问题，分格缝一般都会设置在屋面板的支承端、屋面转折处、与立墙的交接处等，并且在施工过程中要注意分格缝与屋面板缝是否对齐。分格缝的深度应该能将防水层整体穿透，分格缝间距的设置需要严格把控，一般不超过 6 m；当大于 6 m 时，应在中部设一个 V 字形分格缝。

三、屋面防水施工的技术要点

（一）防水层的基层处理

防水层的基层应保持平整和牢固，避免出现凸角、凹坑、起砂等现象，且表面应洁净，在转角部位需按照要求制作圆弧角，其半径一般为 50 mm。基层的含水率，以没有明显的水珠为控制标准。在防水层施工开始前，需将基层表面的砂浆、灰尘、杂物等都清理干净。

（二）涂刷基层处理剂

将基层清理干净并验收合格后，在基层的表面均匀涂刷一层处理剂，在涂刷过程中，需按照相同的方向，保证涂刷厚度均匀，避免堆积与漏涂，涂刷完基层处理剂后，使其自然晾干，以手指触后不粘手为标准。

（三）防水卷材的铺贴

基层处理剂涂刷完毕后，根据实际的搭接面积将控制线准确弹出，然后按照弹好的控制线对防水卷材进行试铺。试铺时，应保证防水卷材的实际搭接宽度为6～7 cm。以现场实际情况为依据，确定适宜的弹线密度，使防水卷材的铺贴保持顺直，避免由于误差的累积导致铺贴后卷材歪斜。完成对防水卷材的试铺后，应根据要求进行剪裁，剪裁完成后即可正式铺贴防水卷材。

防水卷材的铺贴方法主要有两种，即拉铺法与滚铺法，在具体的施工过程中，要根据施工要求，结合现场实际情况来确定合适的方法，但不同方法的防皱、排气与压实等要求基本相同。在铺贴防水卷材的过程中，需要使防水卷材和基准线对齐，避免产生偏差。铺贴时，不可用力拉伸卷材。完成铺贴后，用压辊从防水卷材的中间不断向两侧进行滚压，以排出其中的空气，确保防水卷材和基层表面良好黏结。

运用拉铺法进行防水卷材的铺贴时，应注意把防水卷材与基准线对准后，将其全幅展开，从其中一头把防水卷材（连同隔离纸）揭起，沿卷材幅长中线进行对折，然后用刀把隔离纸边划开，此时要注意避免对卷材造成损伤，在防水卷材的背面，将隔离纸小幅揭开，然后两人配合将隔离纸撕掉。先铺好半幅防水卷材，再拉住隔离纸，不断向后拉伸，缓慢拉出隔离纸。在拉铺的过程中，注意保持隔离纸完好，如果隔离纸断裂，应立即停止，对残余的部分进行清理，然后继续进行拉铺。

滚铺法是指隔离纸的揭剥和防水卷材的铺贴同时进行。在施工过程中，无须将整个防水卷材打开，而是将钢管插入中心，由两名施工人员手持钢管的两端将其抬到指定位置的起始处，然后向前展出500 mm左右，由其中一人将隔离纸揭开，同时把它卷至包装纸芯筒。将起始的位置铺好后，缓慢向前移动。在移动的时候，两名施工人员的行走速度要保持均匀和协调。在滚铺的过程中，不可过于松弛，完成对一幅防水卷材的铺贴后，立即用滚刷进行滚压，以排除下部空气。必要时，可使用振动器使卷材与基层表面的黏结达到紧密。

（四）节点处理

对于女儿墙处的收口处理：在水泥砂浆施工中，需把墙和屋面之间的交接部位做成小圆角，待基面达到设计与施工的要求后，先刷一道聚氨酯，再铺一层玻纤布，然后再刷一层聚氨酯，和基面之间黏结牢固，为后续防水卷材的黏贴提供便利。

对于阴阳角与管口处的收口处理：阴阳角处需用砂浆做成小圆角，设置一个附加层，在附加层中增设一层玻纤布。在管口和基面之间的交接部位，抹好找平层后，留设凹槽，在凹槽内填补密封材料，并对管道进行除锈、打光处理。在管口四周 500 mm 以内设置附加层，附加层内增设一层玻纤布，以此保证实际的防水效果。

（五）收头固定与封闭

防水卷材的末端收头需要伸入找平层的凹槽，可使用金属压条将其钉牢，并用专门的密封膏进行密封处理。相邻两排防水卷材之间的短边接头，需要相互错开至少 300 mm，防止多层接头重叠导致防水卷材的黏贴无法达到平整。若防水面积很大，需要分阶段施工，则中间施工会产生很多收头，此时必须使用密封膏做好密封。

将防水卷材黏贴好后，需采取有效措施进行遮盖，以减少卷材直接外露造成的损坏；或是将揭下的隔离纸重新铺到防水卷材包面，这张保护纸可以直接作为屋面保护层和防水层间的隔离层。完成对防水卷材的黏贴后，由于卷材受到阳光的暴晒，表面可能产生鼓包和褶皱，属正常情况，不会对卷材的防水性能造成影响。

屋面的防水层需快速得到遮盖，以减少暴露时间。一般需要在防水层施工完成 24 h 以内进行遮盖。如果要进行闭水试验，则遮盖的时间要从完成试验后开始计算。

四、屋面防水施工的质量控制策略

（一）强化防水材料的质量控制

第一，防水材料的质量是影响屋面防水质量的重要因素。在施工过程中，首先要对防水材料的质量进行严格的控制，然后根据环境条件、工程要求等选择最合适的材料。材料的质量必须符合国家相关规定，材料的防水性能也必须满足房屋建筑的需求。

第二，不同屋面对防水的需求不同，为了节省成本，延长屋面的使用寿命，必须对防水材料进行合理的分配与使用。不同地区的气候环境不同，对屋面防水的需求也不同，在屋面防水工程施工中，要根据不同地区对材料防水性能的需求，选择合适的防水材料，从而提高屋面防水能力。

（二）科学设计屋面防水系统

在屋面防水工程中，应加强对屋面防水设计的审核，保证其实用性与稳定性，避免出现不合理的设计。为了提高屋面在水量过多时的排水速度，必须合理设计屋面防水系统，延长防水材料的使用寿命。屋面防水系统的设计要遵循因地制宜的原则，合理设计排水量与屋面坡度。

（三）完善屋面防水施工质量管理体系

在屋面防水工程施工中，需要对材料、设计等进行严格把关；要建立完善的屋面防水施工质量管理制度，增强施工人员的质量意识，提高施工人员的技术水平；完善保修制度，提高维护工作的质量。

建筑工程的使用寿命很大程度上取决于屋面防水施工质量，因此相关人员不但要对材料质量、施工工艺、建筑设计等进行严格把关，还要建立一套完善的屋面防水施工质量管理体系，从而提升屋面的防水效果，提高建筑的整体质量。

第二节　地下防水工程

一、地下工程渗水的原因分析

当前，随着城市建设的不断发展，城市建筑在向高空发展的同时，也在不断地向地下扩展，对于地下空间的利用力度不断加大。许多建筑工程都包含地下工程，地下工程长期处于潮湿的环境中，防水工作至关重要。进行防水工作之前，需要探究地下工程渗水的原因，为地下防水工程施工提供依据。本节将从防水设计、材料选择及施工质量等方面分析地下工程渗水的原因。

（一）防水设计

第一，工程设计人员对防水设计认识不足。工程设计人员在进行地下工程防水设计时，认为地下工程的钢筋混凝土达到一定的强度、厚度、密实度就可以达到防水要求，没有从施工现场、气候环境等角度考虑地下工程可能发生渗水的原因。

第二，在施工过程中，施工人员没有对施工质量及施工工序进行严格把关，导致混凝土配合比不合理、构造筋设置不合理、混凝土入模温度过高等，使混凝土后期出现收缩现象，甚至产生裂缝，碳化速度加快，从而使地下工程的结构出现裂缝，发生渗水事故。

第三，在进行地下工程施工时，施工人员对防水设计的重视程度不够，对于施工缝、变形缝、后浇带、穿墙管的设置要求和防渗要求不高，从而随意施工，导致地下工程渗水。

第四，工程设计人员在对地下工程进行防水设计时，对防渗的标高设计不够，如遇到强降雨天气，或者地下水位突然上涨时，地下工程的防水设计发挥不了应有的作用。

第五，在进行地下工程施工设计时，各个环节、各个具体工程的设计人员配合不到位，可能出现预埋件的数量、位置不正确等问题，导致现场施工人员进行返工或修整，使地下工程原有结构的整体性遭到破坏，从而影响地下工程的防水作用。

（二）材料选择

地下工程防水的质量效果，在很大程度上取决于防水材料的选择和应用。在选择防水材料时，如果不能根据工程所处的地理位置，结合实际情况及工程防水要求进行分析，就可能导致地下工程渗水。

此外，一些设计人员不能充分考虑不同材料之间的性能是否相容，没有考虑到容易变形的材料造成的影响，导致防水层层数、厚度以及相应的辅助材料无法达到要求，难以有效发挥防水材料的作用。

相关人员如果不能在防水材料的选用上把好质量关，不能选择符合质量要求的防水材料，在材料的选择、入库、使用等环节做不到层层把关，就会影响地下工程的防水效果。

（三）施工质量

施工质量是影响地下工程防水效果的重要因素。在实际施工过程中，一些施工人员没有对地下工程的防水施工给予充分的重视，没有对防水工程进行特殊处理，仍然按照一般的结构设计进行施工，使一些关键的施工工序没有得到严格控制，从而导致地下工程的防水性能达不到要求。

此外，混凝土施工中的施工质量问题也会导致地下工程渗水。例如，在进行混凝土的拌制时，一些施工人员没有对混凝土设计配合比进行抗渗性能试验，导致使用的混凝土配合比不合理，从而影响到混凝土的抗渗性能。

一些施工人员在进行混凝土的浇筑时，未严格控制混凝土的浇筑速度，一次浇筑的混凝土过高、过厚，导致混凝土温度急速上升，产生裂缝，从而影响混凝土的抗渗性能；未进行供料速度和浇筑速度之间关系的计算，造成混凝土不能连续浇筑，致使前后分层浇筑的混凝土产生冷缝，从而影响混凝土的抗渗性能。

在实际的施工过程中，一些施工人员留设的施工缝不合理，出现凹槽，凿毛不规范，槽内的垃圾清理不彻底，在进行二次浇筑时不事先进行铺浆等，这些都会使得地下工程的抗渗性大大降低。

在施工过程中，遇到钢筋密集或者预埋件密集的地方，一些施工人员未对浇筑的混凝土进行坍落度试验，仍然使用和其他地方一样的混凝土进行浇筑，就会使混凝土在该地方下料困难，振捣不密实，导致这些部位出现孔洞或者蜂窝状结构，从而导致地下工程渗水。

二、地下防水工程的分类及其施工工艺

地下防水工程一般分为混凝土结构自防水、涂膜防水、卷材防水等，不同的地下防水工程有不同的施工工艺。防水工程施工的质量是影响防水性能

的关键因素，合理的防水设计和良好的防水材料是必要条件，但如果没有科学的施工管理、严格的质量控制措施以及精湛的施工工艺，往往会导致防水工程施工功亏一篑，无法发挥防水工程的作用。在地下防水工程施工过程中，应将结构与防水施工作为一个整体进行统筹安排，严格按施工规范和设计要求，精确施工，确保防水效果。

（一）混凝土结构自防水

混凝土结构自防水是指整体式防水混凝土或钢筋混凝土结构因材料本身的密实性而具有一定防水能力，这一地下防水工程兼有承重、维护和抗渗的功能，还可满足一定的耐冻融及耐侵蚀要求。与涂膜防水、卷材防水相比，混凝土结构自防水具有材料来源广泛、使用寿命长、工艺操作简单、检查维修方便等优点。

混凝土结构自防水施工是整个防水工程施工的主体，也是决定防水效果的关键，如果混凝土结构自防水处理不好，结构在相当长一段时间内会发生渗漏，继而发展为漏水，处理代价大，施工难度高。

结构发生渗漏的核心原因是裂缝问题，主体结构采用高性能补偿收缩防水混凝土进行结构自防水，结构自防水混凝土的抗渗等级为 P8，同时保证补偿收缩防水混凝土的低干缩率和高耐缩性，尽量避免混凝土在固化过程中出现裂缝，能够提高结构的抗渗性能。此外，保证防水效果的关键在于减少混凝土收缩。混凝土收缩成因主要包括水化收缩和降温收缩，减少混凝土收缩可从混凝土级配和混凝土养护等方面着手。

防水混凝土主要有普通防水混凝土和外加剂防水混凝土。配制普通防水混凝土时，通常采取控制水灰比、适当增加砂率和水泥用量的方法来提高混凝土的密实性和抗渗性。防水混凝土的配合比不仅要满足结构的强度要求，还要满足结构的抗渗要求，需通过试验确定。

外加剂防水混凝土包括以下四类：

①引气剂防水混凝土。在混凝土拌和物中掺入引气剂，会产生大量微小、密闭、稳定而均匀的气泡，使其黏滞性增大，不易松散和离析，可显著改善混凝土的和易性，并抑制沉降离析和泌水作用，降低混凝土出现结构缺陷的概率。同时，大量气泡的存在使得毛细管的形状及分布情况发生改变，切断了渗水通路，从而提升了混凝土的密实性和抗渗性。

②减水剂防水混凝土。减水剂具有较强的分散作用，能使水泥成为细小的单个粒子，均匀分散于水中。因此，在混凝土中掺入减水剂后，在满足和易性的条件下，可大大减少拌和用水量，使其硬化后的毛细孔减少，增强混凝土的抗渗性。此外，由于高度分散的水泥颗粒能更加充分地水化，使得水泥结构更加密实，从而增强了混凝土的密实性和抗渗性。

③三乙醇胺防水混凝土。在混凝土拌和物中掺入三乙醇胺防水剂，能增强水泥颗粒的吸附分散与化学分散作用，加速水泥的水化，水化生成物增多，水泥石结晶变细，结构密实，增强了混凝土的抗渗性。

④氯化铁防水混凝土。由于氯化铁防水剂可与水泥水化析出物产生化学反应，其生成物能填充混凝土内部孔隙，堵塞和切断贯通的毛细孔道，因而增强了混凝土的密实性，使其具有良好的抗渗性。

混凝土结构自防水工程质量的优劣，除了与材料有关，还取决于施工的质量。因此，在施工中的各个环节，施工人员均应严格遵守施工操作规程和验收规范的规定，精心地组织施工。混凝土结构自防水施工工艺主要包括以下几个方面：

1.模板工程

混凝土结构自防水工程的模板应表面平整，吸水性小，拼缝严密不漏浆，牢固稳定。采用对拉螺栓固定模板时，为防止水沿螺栓渗入，应采取一定措施，做法如下：

①螺栓加焊止水环法：在对拉螺栓中部加焊止水环，止水环与螺栓必须满焊严密。拆模后应沿混凝土结构边缘将螺栓割断。

②螺栓加堵头法：在结构两侧螺栓的周围做凹槽，拆模后将螺栓沿平凹

底割去，再用膨胀水泥砂浆将凹槽封堵起来。

③预埋套管加焊止水环法：套管采用钢管，其长度等于墙厚（或其长度与两端垫木的厚度之和等于墙厚），兼具撑头的作用，以保证模板之间的设计尺寸符合要求。止水环与套管必须满焊。支模时在预埋套管内穿入对拉螺栓固定模板，拆模后将螺栓抽出，套管内用膨胀水泥砂浆封堵密实。套管两端有垫木的，拆模时连同垫木一并拆除，垫木留下的凹槽同套管一起用膨胀水泥砂浆封实。在运用此法时，螺栓可周转使用。此法用于抗渗要求一般的结构。

2.防水混凝土工程

在防水混凝土工程施工中，应注意下列事项：

①防水混凝土必须采用机械搅拌，搅拌时间不应小于120 s。掺外加剂时，应根据外加剂的技术要求确定搅拌时间。

②在混凝土运输过程中，施工人员应采取措施防止混凝土拌和物产生离析，注意坍落度和含气量损失，同时要防止漏浆。

③浇筑混凝土时的自由下落高度不得超过1.5 m，否则应使用溜槽、串筒等工具进行浇筑。

④混凝土应分层浇筑，每层厚度不宜超过300～400 mm，相邻两层浇筑的时间间隔不应超过2 h，在夏季施工时应适当缩短该时间间隔。

⑤防水混凝土必须采用高频机械振捣，振捣时间宜为20～30 s，以混凝土泛浆和不冒气泡为准。

⑥防水混凝土的养护效果对其抗渗性能影响极大，特别是早期湿润养护尤为重要。一般在混凝土进入终凝后即应覆盖浇水，浇水湿润养护的时间不应少于14天。

⑦完工后的混凝土自防水结构，严禁在其上打洞。

3.施工缝的留置与处理

（1）施工缝留置

防水混凝土应连续浇筑，宜少留施工缝。留施工缝时，应遵守下列规定：

①墙体水平施工缝不应留在剪力墙与弯矩最大处或底板与侧墙的交接处，应留在高出底板表面不小于 300 mm 的墙体上。墙体设有孔洞时，施工缝距孔洞边缘不宜小于 300 mm。

②垂直施工缝应避开地下水和裂隙水较多的地段，并宜与变形缝相结合。

（2）施工缝处理

①水平施工缝浇筑混凝土前，应将其表面浮浆和杂物清除，先铺净浆，再铺 30～50 mm 厚的 1∶1 水泥砂浆，或涂刷混凝土界面处理剂，并及时浇筑混凝土。

②垂直施工缝浇筑混凝土前，应将其表面清理干净，涂刷水泥净浆或混凝土界面处理剂，并及时浇筑混凝土。

③选用的遇水膨胀止水条应具有缓胀性能，其 7 天的膨胀率不应大于最终膨胀率的 60%，遇水膨胀止水条应牢固安装在缝表面或预留槽内。

④采用中埋式止水带时，应确保位置准确、固定牢固。

4.变形缝处理

变形缝应满足密封防水、适应变形、施工方便、检查容易等要求。用于伸缩的变形缝宜不设或少设，可根据不同的工程结构类别及工程地质情况，采用诱导缝、加强带、后浇带等替代措施。

用于沉降的变形缝，其最大允许沉降差值不应大于 30 mm，当计算沉降差值大于 30 mm 时，应设计好可采取的措施。用于沉降的变形缝的宽度宜为 20～30 mm，用于伸缩的变形缝的宽度不宜小于此值。应根据工程特点、工程开挖方法、地基情况、结构变形情况以及水压、水质和防水等级来确定变形缝的构造形式和材料。

5.后浇带处理

后浇带应设在受力和变形较小的部位，宽度宜为 700～1 000 mm，两条后浇带的间距宜为 30～60 m。后浇带可做成平直缝，结构主筋不宜在缝中断开，如必须断开，则主筋搭接长度应大于主筋直径的 45 倍，并应按设计要求加设附加钢筋。后浇带应在两侧混凝土龄期达到 42 天（高层建筑应在结构顶板浇筑混凝土 14 天）后，采用补偿收缩混凝土浇筑，强度应不低于两侧混凝土，并在后浇带断面中部附近安设遇水膨胀橡胶止水条。

6.穿墙管的留置与处理

（1）穿墙管留置

①穿墙管应在浇筑混凝土前预埋。

②穿墙管与内墙角、凹凸部位的距离应大于 250 mm。

③结构变形或管道伸缩量较小时，穿墙管可采用主管直接埋入混凝土的固定式防水法，并应预留凹槽，槽内用嵌缝材料嵌填密实。

④结构变形，或管道伸缩量较大，或有更换要求时，应采用套管式防水法，套管应加焊止水环。

（2）穿墙管处理

①穿墙管防水施工时，金属止水环应与主管满焊密实。采用套管式穿墙管防水构造时，翼环与套管应满焊，并在施工前将套管内表面清理干净。

②管与管的间距应大于 300 mm。

③采用遇水膨胀止水圈的穿墙管，管径宜小于 50 mm，止水圈应用胶黏剂固定于管上，并应涂缓胀剂。

④穿墙管线较多时，宜相对集中，可采用穿墙盒。穿墙盒的封口钢板应与墙上的预埋角钢焊严，并从钢板上的预留浇筑孔注入改性沥青柔性密封材料或细石混凝土。

7.预埋件、预留孔处理

结构上的埋设件宜进行预埋，埋设件端部或预留孔底部的混凝土厚度不得小于 250 mm。当厚度小于 250 mm 时，应局部加厚或采取其他防水措施。

（二）涂膜防水

涂膜防水是指在需要防水结构的混凝土或砂浆基层上涂上一定厚度的防水涂料，经过常温交联固化或溶剂挥发，形成有弹性的连续封闭且具有防水作用的膜结构。

涂膜防水的优点是重量轻，耐水性、耐腐蚀性良好，适用性强，对于各种形状的部位均可形成无缝的连续封闭的防水膜；施工操作既安全又简便，且易于维修。其不足之处是无论是机械喷涂还是人工涂刷，涂布厚度不易做到均匀一致；多数材料抵抗结构变形能力差；与潮湿基层的黏结力差；作为单一的防水层抵抗地下动水压力的能力差。

涂膜防水施工具有较大的随意性，无论是形状复杂的基面，还是面积窄小的节点，凡能涂刷到的部位，均可形成涂膜防水层，这是因为用于防水层的涂料在固化成膜前呈流态，具有塑性。由于随意性较大，要保证涂膜防水层的质量符合设计要求，施工的关键在于保证涂膜的厚度。

在地下防水工程施工中，应根据工程特点及功能要求等各方面因素，恰当设置涂膜防水层。通常将其作为复合防水的一道防水层，以其独特的优点弥补其他防水层的不足，以获得理想的防水效果。

涂膜防水的施工工艺主要包括以下几个方面：

1.基层处理

结构顶板混凝土浇筑完成后，应进行多次收水、压平、抹光，使混凝土表面一次性达到坚实、平整的要求，不允许在结构顶面作水泥砂浆找平层。顶板混凝土达到强度后，在侧墙与顶板顶面交角处，用砂浆将该交角处抹成圆角。要清除基面杂物，并用高压水冲洗，保持基面干燥，准备防水涂料的施工。

2.涂料施工

防水涂料的施工应尽量选在晴朗的天气，施工时，将 A、B 两个组分按一定的配合比搅拌均匀，用棕刷将涂料均匀地涂刷在经检查符合要求的基面上。防水涂料施工分两步进行，涂刷时，在垂直的两个方向上反复多次涂刷，确保涂料在基面的渗透和黏结。在第一遍涂层表面干燥后，即可进行第二遍涂料的涂刷，涂层厚度为 1.5 mm。第二遍防水涂料未固化前，在其表面撒上粗砂，可使保护层与防护层之间黏结牢固。

按配合比配制涂膜防水材料时，可采用外防外贴法或外防内贴法。采用外防外贴法时，可先涂刷平面，后涂刷立面，在平、立面交接处应交叉涂刷，涂膜固化后，及时做好保护层。采用外防内贴法时，可先涂刷立面，后涂刷平面，刷立面应先刷转角处，后刷大面。在涂膜未固化前，应在涂层表面稀撒上一些砂粒，待固化后，再抹水泥砂浆保护层。对于管子根部、阴阳角、变形缝等薄弱部位，应在大面积涂刷前做附加层。

刮第一遍涂膜应在基层的底胶基本干燥固化后进行，涂刷时用力要均匀一致，厚度为 1.3～1.5 mm，不得有漏刮和鼓泡现象；刮第二遍涂膜应在第一遍涂膜固化后 24 h 后进行，涂刮方法同第一遍，方向与第一遍涂膜方向垂直，要求均匀涂刮在涂层上，厚度为 0.7～1.0 mm。

3.注意事项

第一，防水涂料施工温度在 5 ℃以上，混合后的涂料应在 20 分钟内用完。

第二，对于未用完的涂料必须将桶盖盖严，特别是 A 组分，如果密封不严，会吸潮固化。同时，应将其密封贮存在通风、阴凉处，远离火源。此外，涂料运输中要严防日晒雨淋。

（三）卷材防水

卷材防水层是由防水卷材和沥青胶结材料胶合而成的一种多层防水层。卷材防水层是柔性防水层，适用于有振动的结构，遇微小变形不易产生裂缝；其耐久性差，施工复杂，应用范围有一定的限制。卷材防水层是依靠结构的刚度由多层卷材铺贴而成的，要求结构层坚固、形式简单，黏贴卷材的基层面要平整干燥。基层表面干燥有困难时，第一层卷材可用沥青胶结材料铺贴在潮湿的基层上，但应使卷材与基层贴紧。必要时，卷材层数可比设计层数增加一层。

地下防水工程一般把卷材防水层设在建筑结构的外侧，称为外防水；把卷材防水层设在建筑结构的内侧，称为内防水。

外防水的防水层在迎水面，受压力水的作用紧压在结构上。其优点是防水层较少受到结构沉降变形的影响；浇筑结构混凝土时不会损坏防水层；便于检查混凝土结构及卷材防水层的质量且容易修补。其不足之处是工序多、工期长，需要一定的工作面；土方量大，模板需用量大；卷材接头不易得到较好的保护，施工步骤烦琐，影响防水层质量。

内防水的防水层在结构背面，受压力水的作用容易脱开。其优点是施工简便，工期短；节省施工占地，土方工程量较小；节省外墙外侧模板；卷材防水层不用临时固定留槎，可连续铺贴，质量容易保证。其不足之处是受结构沉降变形的影响，容易断裂从而产生漏水；卷材防水层及混凝土结构的抗渗质量不易检验；发生渗漏后，对卷材防水层的修补较为困难。

卷材防水施工主要包括以下方面的内容：

1.施工准备

防水卷材铺设前的准备工作分为场外和场内两部分。

场外准备工作：检查防水卷材有无断裂、变形、孔洞等缺陷，对各种施工机具、设备进行检查、调试；对防水卷材进行试焊，并做好操作人员的岗前培训；在工作室内按铺设长度对防水卷材进行裁剪，卷好备用。

场内准备工作：测量断面净空，对铺设面进行修整；铺设防水卷材之前，对表面凹凸不平的局部地区采用人工找平，外露的钢筋头要齐根切除，并用水泥砂浆抹平。

2.施工工艺

（1）热熔法施工

热熔法施工是采用火焰加热器熔化热熔型防水卷材底层的热熔胶进行黏结的施工方法。

施工流程包括：清理基层，涂刷基层处理剂，节点附加增强处理，定位弹线，热熔铺贴卷材，搭接缝黏结，蓄水试验，保护层施工，检查验收。

操作要点如下：防水卷材在进行热熔法施工时，火焰加热器的喷嘴距卷材面的距离应适中，加热应均匀。卷材表面热熔后，应立即滚铺卷材，排除卷材下面的空气，并黏结牢固。

（2）卷材自黏法施工

卷材自黏法是采用带有自黏贴的防水卷材，不需要加热，也不需要涂刷胶黏剂，可直接实现防水卷材与基层黏结的一种操作方法。

施工流程包括：基层检查、清理，涂刷基层处理剂，节点附加增强处理，定位弹线，撕去卷材底部隔离纸，铺贴自黏卷材，搭接缝黏结，卷材接缝口密封，蓄水试验，检查验收。

操作要点如下：铺贴卷材前，应在基层表面均匀涂刷基层处理剂，干燥后应及时铺贴卷材。铺贴卷材时，应将自黏胶底面隔离纸全部撕净。卷材下面的空气应排尽，并辊压粘贴牢固。接缝口应用密封材料封严，宽度不应小于 10 mm。在运输及存放时，应特别注意防潮、防热。堆放卷材的场地应干燥、通风，环境温度不得超过 35 ℃。

（3）冷黏法施工

冷黏法是采用胶黏剂或冷玛缔脂进行卷材与基层、卷材与卷材的黏结，而不需要加热施工的方法。由于冷黏法施工中不需要加热、熬制沥青，从而减轻了对环境的污染，降低了能源消耗，改善了施工条件，提高了劳动效率，有利于安全生产，是一种很有发展前景的卷材铺贴工艺。

施工流程包括：基层检查、清理，涂刷基层处理剂，节点附加增强处理，定位弹线，基层涂胶黏剂，卷材反面涂胶黏剂，卷材黏贴、辊压、排气，搭接缝黏合、辊压，卷材接缝口密封，卷材收头、固定、密封，蓄水试验，检查验收。

操作要点如下：必须将基层处理干净，必须将突出基层表面的异物、砂浆疙瘩等铲除干净，并彻底清除尘土、杂物等。对于阴阳角、管道根部等部位，更应仔细清理，若有油污、铁锈等，用砂纸、钢丝刷、溶剂等清除干净，否则不能进行下一道工序的施工。合成橡胶防水卷材具备很好的弹性，在施工中严禁拉伸这类卷材。搭接缝黏结应严密，使性能可靠，必须使用专门的接缝黏结剂、密封膏进行认真处理。在地下防水工程中，进行防水卷材搭接缝时还必须进行附加补强处理。

第三节　外墙防水工程

随着土木工程领域环保理念的深入发展，各种新型墙体材料和节能措施等被广泛地应用于外墙工程施工作业，人们对外墙墙面的防水能力的要求也不断提高。外墙渗水直接影响着建筑的质量和功能，甚至会给建筑整体结构的安全性带来不同程度的威胁。因此，注重外墙防水施工技术，做好施工质量控制工作，对确保建筑整体施工质量有着极大的帮助。

一、外墙渗水的原因分析

造成外墙渗水的原因主要有如下几个方面：

第一，外墙面抹灰层产生裂缝。墙体沉实度不够，造成墙体裂缝，在雨天使外墙渗水。

第二，外墙安装作业不达标。在外墙施工安装作业过程中，由于施工设计不合理，缺乏可行性分析，如排水设计不合理等，使得建筑外墙防水性能得不到保障，最终对建筑质量造成影响。

第三，施工质量管控不严。外墙渗水问题的预防与控制重在施工质量的管控，若不能做好施工过程中的质量控制工作，加强施工管理和材料管理等，或是不能做好防水性能测试工作，会使防水作业的质量下降，导致建筑外墙的防水性能无法达到施工要求。

二、外墙防水施工技术要点

（一）防水设计

外墙渗水是最为典型的施工设计问题，因此应当在设计环节加强防水处理，完善和健全施工规范、技术标准，加强现场施工管理。在防水设计过程中，应深入调查，综合考虑气候条件、材料性能等因素，以此来增强施工方案的科学性、可行性。

地基不均匀下沉、材料温度应力问题等，都会造成外墙面开裂，所以做好建筑外墙的防渗施工至关重要。在建筑尤其是高层建筑设计过程中，应当充分考虑防渗施工作业的便利性，做好防渗设计工作，明确外墙抹灰和填充的操作方法。在建筑外墙施工过程中，应当加强对外墙和外部装饰施工的监管，尽可能避免施工缝的出现。此外，外墙瓷砖铺贴时，应确保瓷砖与墙本之间贴合的紧密性，尽可能降低孔隙率。

（二）阳台施工

阳台在使用过程中，因荷载作用会发生变形。同时，阳台、墙体间为直接接触的形式，容易出现裂缝，造成阳台面漏水。在实践中，为了能够有效防止这一现象，在墙边阳台施工过程中，应当确保阳台板灌缝低于板面 20 mm，并且在阳台板灌缝干燥以后，再利用柔性防水密封膏对其进行填实处理。在此过程中，为了有效防止雨水渗入内墙，要在阳台挑梁底部位置做滴水线。

（三）外保温层施工

进行外保温层施工作业时，要严格把控以下技术要点：

1.材料质量控制

使用优质的玻璃纤维网格布，或者热镀锌材质的钢丝网，以确保保温层的防水性，进行搭接施工作业时，要控制搭接的长度并做好防腐处理作业。

2.加设加强网

在窗户角及其周边设置加强网，可有效地分散由外部力量或温度变化引起的应力。

3.控制砂浆配制比例

在进行保护层施工作业时，要使用高质量的抗裂砂浆，并且要控制好配制比例，以确保黏结的强度。

4.采取两次抹灰法，进行保温层抹灰作业

按照楼层分段，进行施工作业，水泥灰的厚度宜为 2～4 mm，完成首次抹灰作业后，待砂浆固化，再进行铺网钉施工作业，做好安装检查工作后，进行再次抹灰作业。第二次抹灰的力度要加大，防止砂浆面产生裂缝问题，确保黏结力符合要求，抹灰的厚度宜为 5～7 mm。

5.加强防水层施工质量控制

遵循施工要求，进行防水施工作业，做好搭接工作和质量控制。在进行挂网施工时，在交接位置开展抹灰作业，可以设 400 m 宽的金属网，提高抹灰层的黏结力，以确保挂网施工能够达到最佳的效果。金属网和墙体之间的空隙宜为 3～5mm。应使用专用面剂，对最底端的皮砖进行满刷作业，防止发生渗漏事故。

（四）施工成品保护

第一，在易损处的墙（立）面的涂膜防水层外表，应涂抹一层水泥砂浆或其他保护层。

第二，操作时应注意保护非涂布面。涂布完毕，应及时清除由涂料造成的污染。

第三，为满足设计需要，在防水层表面涂刷有光涂料时，最后一遍有光涂料涂刷完毕，空气要流通，防止涂膜干燥后无光或光泽不足。

第四，涂料施工完毕的第二天不要靠近涂膜层。不要在膜层上加热，以免涂层因升温而受到损坏。

综上所述，外墙防水施工要求在施工过程中，树立"质量第一"的观念；在防水施工的基层、节点构造处理、整体防水施工以及保温层施工的各个阶段，严格进行质量管理，做好各阶段的施工协调工作。只有这样，才能在保证主体工程安全合格的情况下，减少外墙工程的渗水问题，提高外墙工程的施工质量。

第四节　室内防水工程

一、室内防水工程的特点

与屋面防水工程、地下防水工程、外墙防水工程相比，室内防水工程的特点是：防水层不受自然气候的影响，温差变形小，耐水压力也小，因此对防水材料的温度及厚度要求较低。但室内平面形状较复杂，施工空间相对狭小；穿过楼地面或墙体的管道较多，阴阳角也较多，防水层施工不易操作；防水材料直接或间接与人接触，因此要求防水材料无毒、难燃、环保，满足施工和使用的安全要求。

结合室内防水工程的特点，在施工时，一般采用施工方便、无接缝的涂膜防水的做法。根据工程性质与使用标准，可选用高、中、低档的防水涂料。常用的防水涂料有高弹性的聚氨酯防水涂料、弹塑性的氯丁胶乳沥青防水涂料、聚合物水泥防水涂料、聚合物乳液防水涂料等，必要时也可增设胎体增强材料，从而使室内的地面和墙面形成一个封闭的整体防水层，从而提升防水效果。

二、室内防水工程施工

室内防水工程施工的流程一般包括：管件安装，用水器具安装，找平层施工，防水层施工，第一次蓄水试验，保护层施工，饰面层施工，第二次蓄水试验，工程质量验收。

室内防水工程施工要点如下：

（一）管件安装

穿过楼地面或墙壁的管件（如套管、地漏等）必须安装牢固，下水管转角处的坡度及其与立墙面之间的距离应符合施工图纸的设计要求。管件定位后应用 1∶3 的水泥砂浆将管件与周围结构间的缝隙堵严，当缝隙大于 20 mm 时，可用掺有膨胀剂的细石混凝土，并吊底模嵌填浇筑严实。在管道根部处应留设凹槽，槽深 10 mm，宽 20 mm，凹槽内用中、高档密封材料嵌填封闭，并向上刮涂 30～50 mm 的高度。

（二）用水器具的安装

用水器具的安装要平稳，安装位置应准确，用水器具周边必须用中、高档密封材料进行封闭处理。

（三）找平层施工

找平层一般用 1∶2.5 或 1∶3 水泥砂浆，厚度 20 mm，找平层应平整、光滑、坚实，不应有空鼓、起砂、掉灰现象。找平层的坡度以 1%～2% 为宜，应使管道根部的周围略高于地面；在地漏的周围应做成略低于地面的凹坑。所有转角处应做成半径不小于 10 mm 的、均匀一致的平滑小圆角。

（四）防水层施工

当找平层基本干燥、含水率不大于 9%时，才能进行防水层施工。施工前应将找平层表面的尘土、杂物彻底清扫干净。地面与墙面的阴阳角、穿过楼板的管道根部和地漏等部位易发生渗漏，必须先进行附加增强处理。可增设胎体增强材料，并涂布防水涂料。涂布防水涂料时，在穿过楼地面管道四周处，应向上涂刷，并超过套管上口；在地面周围与墙面连接处，防水涂料应向墙面上涂布，高出面层 200～300 mm；在有淋浴设施的卫生间墙面，防水层高度不应低于 1.8 m，并应先做墙面，后做地面。

涂膜的厚度应遵循以下原则：当使用高档防水涂料时，成膜厚度应大于或等于 1.5 mm；当使用中档防水涂料时，成膜厚度应大于或等于 2 mm；当使用低档防水涂料时，成膜厚度应大于或等于 3 mm。在最后一道涂膜固化前，可稀撒少许干净的粗砂，以促进涂膜与水泥砂浆保护层之间的黏结。

（五）蓄水试验

防水层施工完毕且阴干后，应进行 24 h 蓄水试验，蓄水高度应高过找坡最高点水位 20～30 mm，确认防水层无渗漏后才可进行保护层、饰面层的施工。当设备与饰面层施工完毕后，还应在进行第二次 24 h 蓄水试验，最终无渗漏、排水畅通为合格，方可进行正式验收。

（六）保护层与饰面层施工

1.保护层施工

在蓄水试验合格和防水层完全固化后，即可铺设一层厚度为 15～25 mm 的 1∶2 水泥砂浆保护层，并对保护层进行保湿养护。

2.饰面层施工

在水泥砂浆保护层上可铺贴地面砖或其他装饰材料。铺贴时所采用的水泥砂浆中宜加胶黏剂，砂浆要填充密实，不得有空鼓和高低不平等现象。施工时应注意房间内的排水坡度和坡向，在地漏周边 50 mm 处，排水坡度可适当增大。

三、室内楼地面渗漏处理

室内楼地面发生渗漏的主要原因包括楼地面裂缝引起渗漏、管道穿过楼地面部位引起渗漏等。对此，可采取有针对性的处理方法。

（一）楼地面裂缝引起渗漏的处理

对于楼地面裂缝引起的渗漏，可根据裂缝情况分别采用贴缝法、填缝法和填缝加贴缝法进行处理。

贴缝法主要适应于宽度小于 0.5 mm 的微小裂缝，处理时，可沿裂缝剔出饰面层，在裂缝处涂刷防水涂料并铺贴胎体增强材料。

填缝法主要用于较明显（宽度大于 0.5 mm 小于 2 mm）的裂缝。处理时，可将裂缝扩展成 V 形槽，清除裂缝中的浮灰杂物后，嵌填密封材料。

填缝加贴缝法用于宽度大于 2 mm 的裂缝。施工时，应沿裂缝局部清除饰面层和防水层，沿裂缝剔凿沟槽，清除浮灰杂物后，在沟槽内嵌填密封材料，并在表面铺设带胎体增强材料的涂膜防水层，再与原防水层搭接封严。

如果渗漏不严重，也可不清除饰面层，在清理裂缝表面后，沿裂缝涂刷两遍宽度不小于 100 mm 的无色或浅色合成高分子涂膜防水涂料即可。对裂缝进行修补后，均应进行蓄水检查，无渗漏后方可修复面层。

（二）管道穿过楼地面部位引起渗漏的处理

管道穿过楼地面部位引起渗漏的原因主要有管道根部积水、管道与楼地面间产生裂缝、穿过楼地面的套管损坏三种情况。

对于管道根部积水引起的渗漏，应沿管道根部轻轻剔凿出宽度和深度均不小于 10 mm 的沟槽，清理浮灰、杂物后，在槽内嵌填密封材料，并在管道与地面交接部位涂刷无色或浅色合成高分子防水涂料，沿管道涂刷的高度及沿地面的宽度均不小于 100 mm，涂刷厚度不小于 1 mm。

对于管道与楼地面间产生裂缝引起的渗漏，应将裂缝部位清理干净后，绕管道及管道根部地面涂刷两遍合成高分子防水涂料，涂刷的高度及宽度均不小于 100 mm，厚度不小于 1 mm。

对于因套管损坏引起的漏水，应更换套管，对所更换的套管应封口，并确保高出楼地面 20 mm 以上，对其根部应进行密封处理。

第八章　土木工程施工管理

第一节　土木工程项目材料管理

一、土木工程项目材料管理的内容

在早期阶段，土木工程项目材料管理并没有形成系统的、科学的理论和方法，管理人员也多凭借个人经验进行材料管理工作。20世纪末，项目材料管理这一概念才被正式提出，作为材料管理及项目管理的交叉学科，迅速成为中外学者的重点研究对象。

项目材料管理是项目管理的重中之重，项目材料管理的诸多内容构成了项目材料管理体系，并对项目管理的目标、实施及效果产生了较大影响。

项目材料管理的主要目标是明确项目材料管理的方针，以及管理人员需承担的责任，核心是构建系统、高效的项目材料管理体系，主要内容包括编制材料需求计划、编制材料供应计划，以及材料控制、材料保管和周转材料管理等。

（一）编制材料需求计划

1.计算材料需用量

计算材料需用量时，可根据不同的情况，分别采用直接计算法或间接计算法确定材料需用量。

（1）直接计算法

对于工程任务明确、施工图纸齐全的工程项目，可直接按施工图纸计算出分部、分项工程实物工程量，套用相应的材料消耗定额，逐条、逐项地计算各种材料的需用量并进行汇总，然后编制材料需用计划，再按施工进度计划分期编制各期材料需用计划。

（2）间接计算法

对于工程任务已经落实，但设计尚未完成，技术资料不全，无法直接计算需用量的工程项目，为了事先做好备料工作，可采用间接计算法。当设计图纸等技术资料齐备后，应按直接计算法进行计算调整。间接计算法有概算指标法、比例计算法、类比计算法、经验估算法等。

2.编制材料总需求计划

（1）编制依据

编制材料总需求计划时，其主要依据是项目设计文件、项目投标书中的材料汇总表、项目施工组织计划、当期物资市场采购价格，以及有关材料消耗定额等。

（2）编制步骤

计划编制人员与投标部门联系，了解项目投标书中该项目的材料汇总表；查看经主管领导审批的项目施工组织设计，了解工程工期安排和机械使用计划。根据企业资源和库存情况，计划编制人员对工程所需物资的供应进行规划，确定采购或租赁的范围；根据企业和地方主管部门的有关规定确定供应方式（招标或非招标，采购或租赁）；了解当期物资市场采购价格；等等。

3.编制计划期（季、月）材料需求计划

（1）编制依据

计划期材料需求计划主要用于组织本计划期（季、月）内材料的采购和供应等，其编制依据主要是施工项目的材料计划、企业年度方针目标、项目施工组织设计和年度施工计划、企业现行材料消耗定额、计划期内的施工进度计划等。

（2）确定计划期（季、月）材料需用量

确定计划期（季、月）内材料需用量常用以下两种方法：

①定额计算法。根据施工进度计划中各分部、分项工程量获取相应的材料消耗定额，求得各分部、分项的材料需用量，然后汇总，求得计划期（季、月）内各种材料的总需用量。

②分段法。根据计划期（季、月）施工进度在工程形象进度中的位置，从施工项目材料计划中选出与施工进度相对应的材料需用量，然后汇总，求得计划期（季、月）内各种材料的总需用量。

（3）编制步骤

季度需求计划是年度需求计划的滚动计划和分解计划，因此，要了解季度需求计划，必须先了解年度需求计划。物资部门根据企业年初制定的方针目标和项目年度施工计划，套用现行的消耗定额编制的年度需求计划，是企业控制成本、编制资金计划和考核物资部门全年工作绩效的主要依据。

月度需求计划也称备料计划，是由项目技术部门依据施工方案和项目月度计划编制的下月备料计划，也可以说是年度需求计划、季度需求计划的滚动计划。月度需求计划多由项目技术部门编制，经项目总工审核后，报项目物资管理部门。

总的来说，计划期（季、月）材料需求计划的编制步骤大致如下：

第一步，了解企业年度方针目标和本项目全年计划目标。

第二步，了解工程项目的年度施工计划。

第三步，根据市场行情，套用企业现行定额，编制年度计划。

第四步，根据年度计划，确定本计划期（季、月）备料计划，编制本计划期（季、月）材料需求计划。

（二）编制材料供应计划

1.计算材料供应量

编制材料供应计划时，应在确定计划期材料需用量的基础上，预计各种材料的期初库存量、期末储备量，经过综合平衡后，计算出材料的供应量，然后再进行编制。

材料供应量＝材料需用量＋期末储备量－期初库存量

式中，期末储备量主要是由供应方式和现场条件决定的，一般情况下也可按下列公式计算：

某项材料的期末储备量＝该项材料的日需用量×（该项材料的供应间隔天数＋运输天数＋入库检验天数＋生产前准备天数）

2.编制材料供应计划的原则

①需求预测原则。根据材料的需求与供应的关系，在材料需求量的基础上继续材料供应计划的编制。

②库存控制原则。根据企业的库存策略和成本控制要求，确定合理的库存水平，避免库存量过高或过低。

③供应能力原则。考虑供应商的能力和交货周期，确保材料供应的及时性和稳定性。

④成本效益原则。在满足项目材料需求的前提下，尽可能降低采购成本和库存占用成本。

3.编制材料供应计划的注意事项

①编制材料供应计划时，要考虑材料的数量、品种、进场时间等方面，以达到配套供应、均衡施工。计划中要明确材料的类别、名称、品种（型号）、规格、数量、进场时间、交货地点、验收人，以及编制日期、编制依据、编制人、审核人、审批人。

②在材料供应计划的执行过程中，应定期或不定期地进行检查，以便及时发现问题并加以解决。主要检查内容包括供应计划的落实情况、材料采购

情况、订货合同的执行情况、主要材料的消耗情况、主要材料的储备及周转情况等。

（三）材料控制

材料控制包括材料供应单位的选择，采购供应合同的订立，材料的出厂或进场验收、储存管理、使用管理，以及不合格材料的处置等。土木工程施工过程是材料使用和消耗的过程，在此过程中材料管理的中心任务就是保证进场施工材料的质量，妥善保管进场的物资，严格、合理地使用各种材料，降低消耗，从而实现管理目标。

1.材料供应审查

为保证供应材料质量合格，确保工程质量，相关管理人员要对材料生产厂家及供货单位进行资格审查，审查内容包括生产许可证、产品鉴定证书、材质合格证明、生产历史、经济实力等。采购合同的内容除包括双方的责、权、利外，还应包括采购对象的规格、性能指标、数量、价格，以及附件条件和必要的说明。

2.材料进场验收

材料进场验收的目的是划清企业内部和外部经济责任，防止进料中的差错事故，避免因供货单位、运输单位的失误给企业造成不应有的损失。

（1）材料进场验收的要求

①材料进场验收必须做到认真、及时、准确、公正、合理。

②严格检查进场材料的有害物质含量检测报告，对于按规范应复验的材料，必须复验，无检测报告或复验不合格的应予以退货。

③材料进场前，应根据平面布置图准备好存料场地及设施。在材料进场时，必须根据进料计划、送料凭证、质量保证书或产品合格证进行质量和数量验收。

（2）材料进场验收的方法

①双控把关。为了确保进场材料质量合格，对预制构件、钢木门窗、各

种制品及机电设备等大型产品，在组织送料前，由两级材料管理部门业务人员会同技术质量人员先行看货验收；进库时，由保管员和材料业务人员一起进行验收，确保合格后方可入库。对水泥、钢材、防水材料、各类外加剂实行检验双控，既要有出厂合格证，又要有试验室的合格试验单，方可接收入库以备使用。

②联合验收把关。对直接送到现场的材料及构配件，收料人员可会同现场的技术质量人员联合验收；进库物资由保管员和材料业务人员一起验收。

③收料员验收把关。对有包装的材料及产品，收料员应认真进行外观检验，查看规格、品种、型号是否与来料相符，宏观质量是否符合标准，包装、商标是否齐全、完好。

④提料验收把关。总公司、分公司两级材料管理部门的业务人员到外单位及材料公司各仓库提送料，要认真检查验收提料的质量，索取产品合格证和材质证明书。送到现场（仓库）后，应与现场（仓库）的收料员（保管员）进行交接验收。

材料进场验收工作应按质量验收规范和计量检测规定进行，并做好记录和标识，办理验收手续。施工单位对进场的工程材料进行自检合格后，还应填写"工程材料/构配件/设备报审表"，报请监理工程师进行验收。对不合格的材料应更换、退货或让步接收（降低使用），严禁使用不合格材料。

对一般材料的外观检验，主要检验材料的规格、型号、尺寸、色彩等，检查材料是否完整，有无开裂。对专用、特殊加工制品的外观检验，应根据加工合同、图纸及资料进行质量验收。对材料的内在质量验收，应由专业技术员负责，按规定比例抽样后，送专业检验部门检验材料的力学性能、化学成分、工艺参数等技术指标。

对材料的数量验收，主要是核对进场材料的数量与单据量是否一致。材料的种类不同，数量验收的方法也不相同。

对计重材料的数量验收，原则上以进货方式进行。对于以磅单验收的材料应进行复磅或监磅，磅差范围不得超过国家规范，超过规范的，应按实际复磅重量验收。

对于以理论换算交货的材料，应按照国家验收标准规范进行检尺丈量并进行换算，理论数量与实际数量的差值超过国家标准规范的，应作为不合格材料处理。不能换算或抽查的材料一律过磅计重。

计件材料的数量验收应全部清点件数。

（3）材料进场抽查检验

材料进场抽查检验，要求配备必要的计量器具，对进场、入库、出库的材料进行严格计量把关，并做好相应的验收记录和发放记录。

对有包装的材料，除按件数进行全数验收外，对于重要的、专用的易燃易爆、有毒物品，应逐项、逐件地点数、检尺丈量和过磅；对于一般通用的材料，可进行抽查，抽查率不得低于 10%。

对于按计量换算验收的大堆材料，如砂石等，抽查率不得低于 10%。对于水泥等袋装材料，应按袋点数，袋重抽查率不得低于 10%。对于散装的材料，除采取措施卸净外，应按磅单抽查。对于构配件，实行点件、点根、点数和检尺丈量的验收方法。

（四）材料保管

1.材料发放及领用

材料发放及领用是现场材料管理的重要环节，标志着材料从生产储备转向生产消耗。管理人员必须明确领发责任，严格办理领发手续，采取不同的领发形式。凡有定额的工程用料，都应实行限额领料制度。

2.现场材料保管

①在材料保管、保养过程中，相关人员应定期对材料的数量、质量、有效期限进行盘查、核对，对盘查中出现的问题，应形成原因分析、处理意见及处理结果反馈。

②施工现场的易燃易爆、有毒有害物品和建筑垃圾必须符合环保要求。

③对于怕日晒雨淋的材料，以及对温度、湿度要求高的材料，必须入库存放。

④对于可以露天保存的材料，应按其性能进行上盖下垫，做好围挡。建筑物内一般不存放材料，确需存放时，必须经消防部门批准，并制定防护措施，标识清楚。

3.材料使用监督

材料管理人员应对材料的使用情况进行分工监督，监督内容包括：相关人员是否认真办理领发手续，是否合理堆放材料，是否严格按设计参数用料，是否严格执行配合比，是否合理用料，是否做到了工完料净、工完退料、场退地清、谁用谁清，是否按规定进行用料交底和工序交接，是否按要求保管材料等。

检查是监督的手段，检查要做到情况有记录、问题有（原因）分析、责任应明确、处理有结果。

4.材料回收

班组余料应回收，并及时办理退料手续，处理好经济关系。设施用料、包装物及容器在使用周期结束后应组织回收，并建立回收台账。

（五）周转材料管理

1.管理范围

（1）模板

按工艺分，包括大模板、滑动模板、组合模板等；按材质分，包括钢模板、木胶合板、竹模板等。

（2）脚手架

钢架管、碗扣架、钢支柱、吊篮、脚手板等。

（3）其他周转材料

卡具、附件等。

2. 堆放

①大模板应集中码放，采取防倾斜等安全措施，设置区域围护并进行标识。

②组合模板应分规格码放，便于清点和发放，一般码十字交叉垛，高度应控制在 180 cm 以下，并进行标识。

③钢架管、钢支柱等应分规格顺向码放，周围用围栏固定并进行标识，减少滚动，便于管理。

④卡具、附件等周转材料应集中存放管理，装箱、装袋并进行标识，做好转护，减少散失。

3. 使用

对于连续使用的周转材料，每次使用完都应及时清理、除污，涂刷保护剂，分类码放，以备再用。对于不再使用的周转材料，应及时回收、整理和退场，并办理退场手续。

二、土木工程项目材料管理的任务及质量控制

（一）土木工程项目材料管理的任务

①项目经理部应及时向企业材料机构提交各种材料计划，并签订相应的材料合同，对材料进行计划管理。

②加强现场材料的验收、保管工作；建立材料领发、退料登记制度；监督材料的使用情况，实施材料定额消耗管理。

③大力探索节约材料、代用材料，研究降低材料成本的新技术、新途径和先进科学方法，如采用 ABC 分类法、价值分析方法等。

④建立项目材料管理岗位责任制。项目经理是材料管理的全面领导责任者；项目经理部主管材料人员是施工现场材料管理的直接责任者；班组料具员在主管材料员的指导下，协助班组长组织和监督本班组合理领料、用料、

退料。

（二）土木工程项目材料的质量控制

材料（含构配件）是土木工程项目施工的物质条件，没有材料就无法施工，材料的质量是工程质量的基础，材料质量不符合要求，工程质量就不可能符合要求。所以，注重土木工程项目材料的质量控制，是提高工程质量的重要保证，也是创造正常施工条件的前提。

1.土木工程项目材料质量控制的要点

（1）掌握材料信息，优选供货厂家

掌握材料的质量、价格，以及供货厂家的供货能力等信息，选择好供货厂家，有助于获得质量好、价格低的材料，从而确保工程质量，降低工程造价。这是企业获得良好的社会效益、经济效益，提高市场竞争力的重要条件。

（2）合理组织材料供应，确保施工正常进行

合理地、科学地组织材料的采购、加工、储备、运输等工作，建立严密的调度体系，加快材料的周转，减少材料的占用量，按质、按量、如期地满足建设需要，是确保正常施工的关键环节。

（3）合理组织材料使用，减少材料损失

按定额计量使用材料，加强运输、保管工作，加强材料限额管理和发放工作，健全现场材料管理制度，避免材料损失、变质，是确保材料质量、节约材料的重要举措。

（4）加强对材料的检查验收，严把材料质量关

项目部应加强对材料的检查验收，材料的资料齐全，经过抽检合格才能进场，确保施工所用材料质量符合要求，严把材料质量关。

（5）重视材料的使用认证，以防错用或使用不合格的材料

不同材料，其适用范围和使用要求不同，如选择和使用不当，可能会严重影响工程质量，甚至造成安全事故。要重视材料的使用认证，严禁使用不

合格材料。

2.土木工程项目材料的选择和使用要求

材料选择或使用不当，均会严重影响工程质量或造成安全事故。因此，必须针对工程特点，根据材料的性能、质量标准、适用范围和施工要求等进行综合考量，慎重地选择和使用材料。例如，水泥储存期不能超过三个月，对于过期水泥或受潮、结块的水泥，需重新测定其强度，且不能用于重要工程。不同的水泥，水化热不同，水化热高的水泥，如硅酸盐水泥、普通硅酸盐水泥，适用于冬期施工；大体积混凝土施工，则应选择水化热低的水泥，如矿渣水泥、火山灰水泥。

第二节　土木工程项目质量管理

土木工程项目质量管理贯穿土木工程项目投资建设的全过程。本节着重讲述土木工程项目质量管理的基础理论，以及在项目各阶段质量管理工作的要点，以保证项目投资目标的实现。

一、土木工程项目质量管理的定义和特点

土木工程项目投资建设过程，就是质量的形成过程。土木工程项目投资建设各个阶段对项目的质量有着不同程度的影响。其中，设计、施工和试运行等具体工作阶段对项目的质量具有重大影响。探究土木工程项目质量管理的定义和特点，有利于更好地把握项目质量的影响因素，探索提升项目质量的途径。

（一）土木工程项目质量管理的定义

土木工程项目质量管理是指在工程项目质量方面指挥和控制组织的协调活动，通常包括制定质量方针、质量目标和质量计划，以及通过质量策划、质量保证、质量控制和质量改进，组织实现质量目标的过程。有效的土木工程项目质量管理应该根据二程项目的特点，依靠系统的质量管理原则、方法展开。

土木工程项目质量管理的目的是通过管理工作，使项目实现科学决策、精心设计、精心施工，建设质量合格的工程项目，保证投资目标的实现。土木工程项目各项工作的质量如何，是项目成败的关键。加强管理，保证质量，才能实现投资目标。

土木工程项目建设牵涉国家和社会的方方面面，工程项目质量好，不仅有利于增强国家的经济实力，也会给人民生活带来实惠和利益；工程项目质量不好，就会造成大量资源的损失，甚至会导致污染、爆炸、火灾、辐射等灾难性后果。因此，搞好土木工程项目的质量管理，是项目管理者对国家和社会应尽的义务。

土木工程项目建设参与方较多，他们各自的利益也都和工程质量有关，如果工程项目质量不好，不仅会给投资者带来损失，造成资源浪费，而且会给各参与方带来利益和声誉上的损失。因此，土木工程项目各参与方必须十分重视项目的质量管理。

（二）土木工程项目质量管理的特点

与工业产品相比，土木工程项目质量管理具有如下特点：

①工程项目的质量特怔较多。除了项目的物理、化学功能特性外，还要考虑可靠性、耐久性（寿命期内功能的持续性）、安全性（人身安全、运行安全），以及与环境的协调性。

②影响工程项目质量的因素多。土木工程项目质量不仅会受工程项目决

179

策、勘察设计、工程施工等因素的影响，还会受材料、机械、设备等因素的影响。此外，工程所在地的政治、经济、社会环境，以及气候、地质、资源等的影响也不能忽视。

③工程项目质量管理难度较大。一种工业产品，生产工艺技术成熟后有固定的生产线，建立稳定的质量管理制度，可以连续多年进行批量生产。土木工程项目则不同，它是一次性成果，每个项目都有着各自的特点，质量管理工作需要不断地适应新情况。同时，土木工程项目建设周期长，实施过程中情况会不断变化，许多新的影响因素不断加入，会给工程项目质量管理带来难度。

④工程项目质量具有隐蔽性。土木工程项目中，分项工程交接多，中间产品多，隐蔽工程多，如不及时进行监督检查，事后很难发现内在的质量问题。因此，必须加强过程中的监督检查。

二、土木工程项目质量管理体系、原则及方法

（一）土木工程项目质量管理体系

目前，参与土木工程项目工作的许多咨询、设计、监理和施工单位都已按照国家质量管理标准建立了本企业的质量管理体系，并通过了有关权威认证机构的认证。这为土木工程项目质量管理打下了良好的基础，但每个项目所处的环境和条件不同，各项目管理团队承担的任务范围和团队的组成情况也有差异。因此，项目管理团队必须对上级的质量管理体系文件进行必要的调整和修改，以适应本项目、本团队质量管理的实际需要。建立和实施土木工程项目质量管理体系的基本方法和步骤如下：

①根据委托合同及合同附件规定的各项具体质量要求和规定，确定项目质量管理的质量方针和质量目标。

②结合项目工作分解结构，把质量目标层层分解，使各项工作目标和质量目标结合起来。

③结合项目团队职能的分层次分解，把质量管理的职能（包括直接质量活动和间接质量活动）分层次分解到各职能部门、各个作业人员。

④在质量目标、质量管理职能分层次分解的基础上，参照企业的质量管理体系文件，制定出适合本工程项目的质量管理体系文件，包括质量手册、质量管理体系程序文件和作业指导书。

⑤制订具体的可操作的质量计划。质量计划应尽可能简明，便于操作，其内容一般包括：明确各层次的质量目标和质量管理职能；明确各层次之间的配合和接口，要做到层次清楚、接口明确、结构合理、协调有效；明确实现质量目标的过程和顺序，明确过程中进行质量监测的环节、频率和标准，根据过程控制的原理，按照过程和顺序进行控制，确保每个工序的质量；确定和提供实现质量目标所需的资源；编制记录和报告数据的标准表格，从而对数据进行规范化整理，编制表格既是及时分析质量执行情况、采取改进措施的重要工具，也是及时向客户和有关部门报告的重要手段。

⑥按质量计划组织实施，同时，按规定进行监测，做好监测记录。

⑦及时清除不合格工程并总结经验教训，分析不合格的原因，提出改进措施，持续改进质量管理体系。

（二）土木工程项目质量管理原则

1.以客户为关注焦点

客户是每一个生产、服务组织存在和发展的基础，必须把客户的要求放在第一位。为此，组织必须经常调查客户的需求和期望，识别和理解客户当前的和未来的需求和期望，要把客户的要求和期望转化为质量要求和质量目标，并采取有效措施使质量要求和质量目标实现，以满足客户的要求，争取超越客户的期望。

2.发挥领导作用

领导，特别是最高管理者，具有决策和领导一个组织的关键作用。领导要关注客户的要求和所有相关方的要求，并作出承诺；要根据有关方的要求确立本组织统一的宗旨和方向，建立明确的质量方针和质量目标，并领导建立一个有效的能够持续改进的质量管理体系；要协调好质量管理和其他管理的关系；要将本组织的宗旨、方向和内部环境统一起来，并创造使员工能够充分参与实现组织目标的环境，使质量管理体系能够在这种环境中有效运行。

3.全员参与

全体员工是每个组织的基础。组织的质量管理，不仅需要最高管理者的正确领导，还有赖于全员的充分参与。组织要对员工进行质量意识、职业道德、满足客户需要的意识和敬业精神的教育；要积极寻找机会提高员工的能力，丰富员工的知识和经验；要提供良好的工作条件和环境；要激发员工的积极性和责任心，使员工渴望参与实现组织目标，并为持续改进工作质量贡献力量。

4.过程管理

"过程"指的是一组将输入转化为输出的相互关联或相互作用的活动。为使组织有效运行，必须运用过程管理，系统识别和管理组织内所使用的"过程"，特别是这些"过程"的相互作用。过程管理的原则不仅适用于某些较简单的过程，也适用于许多过程构成的过程网络。

在建立和完善质量管理体系时，可将相关的资源和活动作为"过程"进行管理，预先安排好相关过程的最佳步骤、流程、控制方法、资源需求，规定好组织内各职能部门之间的关键活动的接口，及时测量、统计关键活动的成果并及时反馈，不断改进。这样既可以更有效地使用资源，满足客户的需求，又可以降低成本、缩短周期，使相关方受益。

5.管理的系统方法

管理的系统方法，是对设定的目标进行识别、理解后，构建一个由相互关联的过程所组成的体系，即通过质量管理体系的组织结构、程序、过程和资源的有机整体活动，使影响产品质量的全部因素都处于受控状态；管理的系统方法原则要求明确体系内各过程的内在依赖关系和相互之间的职责和运作程序，使组织内外各个活动之间能够协调一致，科学、有序地协同运作，以提高相关工作的效率，取得好的效果。

管理的系统方法，要体现在透明的、具有很强操作性的检查文件上。只有这样，对内才能统一协调、规范行为，便于执行、检查，对外才能赢得客户的信任和认可。文件的数量及其内容的详细程度，取决于工作的复杂程度、所用的方法，以及从事活动的人员所需的技能和培训情况，绝不是文件越多越好，内容越细越好。

6.持续改进

持续改进是生产组织、服务组织追求的一个永恒目标。随着新技术的不断发展，质量要求、市场策略、社会要求、环境条件的不断变化，管理者必须坚持进行质量改进。进行质量管理的目的，就是要保持、提高产品质量，没有改进就不可能提高，或不是完善的质量管理。质量改进就是不断地挖掘潜力，实现一个又一个质量管理目标，持续地满足不断发展的要求。为此，管理者必须建立质量体系的定期审核和评价机制，要不断寻求改进的机会，适应形势的变化，持续提供能够满足客户需要和期望的产品，不断提高客户的满意度。

7.基于事实的决策方法

有效决策应建立在数据和信息分析的基础上。决策者应掌握第一手材料，运用统计技术，对掌握的数据、信息、资料进行客观科学的分析、判断，从而采取有针对性的措施，取得切实可靠的效果。

8.维持与供方的互利关系

组织与供方（包括合作方）是互相依存的、互利的关系，维持双方的关系可增强双方创造价值的能力，因此，处理好与供方的关系，是组织持续稳定地提供让客户满意的产品的重要保障。对供方、合作方不能只讲控制，不讲合作互利，特别是对关键合作方更要建立互利关系，以创建一个有利的市场环境，产生更高的效益。维持互利关系的方法有很多，例如，与关键伙伴商议联合改进活动，承认合作方的改进工作及其成果等。

（三）土木工程项目质量管理方法

人们在长期研究和实践中总结出了很多项目质量管理的方法，这些方法各具特点，在不同的专业领域发挥着不同的作用。其中，三阶段控制法、三全控制法和 PDCA 循环管理法，在土木工程项目质量管理中应用比较广泛。

1.三阶段控制法

三阶段控制法是对质量进行事前控制、事中控制和事后控制，即事前进行计划预控，事中进行自控和监控，事后进行偏差纠正。这三阶段控制构成了质量控制的系统过程。

事前控制要求预先编制周密的质量计划。事前控制包括两个方面，一方面强调质量目标的计划预控，另一方面强调对按质量计划进行质量活动前的准备工作状态的控制。

事中控制首先是对质量活动的行为约束，即对质量产生过程中各项技术作业活动操作者在相关制度管理下的自我行为进行约束的同时，充分发挥其技术能力，实现预定质量目标；其次是从他人的角度，对质量活动的过程和结果进行监督控制。事中控制虽然包含自控和监控两大环节，但关键还是增强自我控制。

事后控制包括对质量活动结果的评价认定和对质量偏差的纠正。计划预控过程中所制订的行动方案越周密，事中约束监控的能力越强，实现质量预期目标的可能性就越大。因此，当质量实际值与目标值之间的偏差超出允许范围时，必须分析原因，采取措施纠正偏差，使质量处于受控状态。

2.三全控制法

三全控制法即实行全面质量控制、全过程质量控制、全员参与控制。

全面质量控制是指对产品质量和工作质量的全面控制，工作质量是产品质量的保证，工作质量会直接影响产品质量。

全过程质量控制是指根据工程质量的形成规律，从源头抓起，进行全过程质量控制。

全员参与控制是指每个岗位都承担着相应的质量职能，一旦确定了质量方针目标，就应组织全体员工参与到实施质量方针的系统活动中，发挥每个人的作用。

3.PDCA 循环管理法

PDCA 循环管理法是将质量管理分为四个阶段，即 Plan（计划）、Do（执行）、Check（检查）和 Act（处理）。PDCA 循环不是一次性的过程，而是不断循环，每次循环都会解决一部分问题，同时可能发现新的问题，进入下一个循环。全面质量管理活动的全部过程，就是质量计划的制订和组织实现的过程，这个过程按照 PDCA 循环管理法周而复始地运转。

三、土木工程项目质量控制策略

下面将基于三阶段控制法，讨论土木工程项目质量控制的具体策略。

（一）事前控制策略

1.明确人员岗位职责

①工程中标后，企业根据项目规模和项目特点，任命项目经理，组建项目部，项目经理在企业的授权下开展项目管理工作。项目经理负责项目质量的全面管理工作，是项目质量管理的第一责任人，对项目质量工作负全责。

②项目部应按岗位设置、岗位职责、岗位任职条件的要求，配备项目副经理、技术负责人、质量员、安全员、施工员、材料员、资料员等各类管理人员，所有管理人员必须持证上岗。

③项目经理组织制定各岗位的岗位职责，并根据岗位职责建立本项目质

量管理体系，岗位职责、质量管理体系公示上墙。

④项目部结合现行的法律法规及图集、规范、规程等，建立健全各项质量管理制度。

2.工程项目的质量策划

项目部应根据项目的质量目标进行目标分解，并编制项目质量计划，将其编入施工组织设计。项目部应在开工前编制项目质量检验计划，并报企业主管部门审批备案。

3.工程项目的施工准备

（1）施工组织准备

项目经理获得任命后应完善项目管理组织架构和项目部人员配置，将项目经理任命书、项目部人员配备情况上报建设方（总包单位）、监理公司。

（2）施工技术准备

项目技术负责人组织项目部进行内部图纸会审，提出问题并收集回复，图纸会审纪要应得到设计单位确认。项目管理人员必须在分项工程施工前对班组长和操作人员进行有针对性的分项工程质量技术交底，填写分项工程质量技术交底记录，交底人和接受人必须签字确认。相关审查人员应审查图纸和设计说明是否完整齐全，审查图纸是否与建筑规划相符，审查规划部门是否正式签署批准意见。

（二）事中控制策略

施工过程是影响工程项目质量的主要阶段，企业必须将施工过程纳入全过程、全方位的控制，狠抓现场管理，规范现场作业，从而规范现场管理。在土木工程项目中，一般通过三检制度、质量挂牌和标识制度、样板引路制度，以及周生产质量例会制度和月生产质量总结制度，规范工程质量管理。

1.三检制度

分项工程各检验批施工完毕后应按自检、交接检和专业检的程序进行验收，由项目部质量管理部门组织验收，并做好相关记录；未经检验和检验不合格的，严禁转入下道工序。

自检：各专业工种在分项工程施工完成后应由班组质检员进行自检，形成记录。

交接检：相关各专业工种之间应进行交接检验并形成记录。

专业检：项目技术负责人组织专业工长、质检员对检验批进行验收，并报监理，形成记录。

2.质量挂牌和标识制度

①主要检验批项目要在施工现场实行挂牌制度，注明施工班组、操作者、施工日期、实物质量的状态和具体实测数据，并做好相应的记录。

②对主要的原材料、半成品进行挂牌标识，标明产品所处的状态，并标明品名、规格、型号、数量、生产单位、进场日期、验证和试验日期，并做好记录。

③对现场的计量器具、设备和装置，应贴上计量合格标识。

④现场自拌混凝土、砂浆时，计量装置旁应挂重量配合比牌。

3.样板引路制度

模板、钢筋、砌筑、装饰装修、防水、地面面层、门窗及新材料、新工艺、新结构、给排水与采暖、建筑电气、通风与空调等工程项目施工前必须做样板。样板施工完后，项目技术负责人组织工长、质检员、监理单位共同进行检查，合格后，方可进行全面施工。

4.周生产质量例会制度和月生产质量总结制度

①每周召开生产质量例会，把质量讲评作为重要的组成部分，对上周的质量动态进行总结，对存在问题的整改措施进行落实，对下周质量要求进行安排，并形成会议纪要。

②每月底由项目技术负责人组织各管理人员对工程进行实体质量检

查，由质检员编写本月生产质量总结报告，经项目技术负责人审核后，报项目经理。

（三）事后控制策略

土木工程项目质量的事后控制具体要求如下：

①项目部必须针对原材料、构配件、半成品、中间产品，以及施工过程已完工序、分部工程、分项工程和单位工程制定保护措施，实施必要的保护，以确保成品合格。

②项目部应制定管理制度和措施，定人定岗，对相关人员进行技术交底，对成品保护情况进行检查。

③项目部要进行项目的成品保护检查工作。施工班组有责任对前一班组作业完成的成品进行保护。后作业班组不得污染或破坏前一施工班组完成的成品。

④项目竣工移交后，相关人员应按规定要求履行工程保修服务义务，以项目部与业主协商交工后服务的形式，既可以在工程现场保留部分项目部人员，也可以在原项目经理部撤离的情况下由企业安排其他人员负责移交后的服务工作。

⑤企业要做好交付后的回访工作，并作好回访台账，回访的内容包括：地基沉降、结构变形等；屋面、墙面、厨、卫防水情况，电、卫采暖系统情况；新材料、新技术、新设备的性能及使用效果；向业主说明有关设备和建筑物维护的注意事项；等等。

⑥对回访发现的问题或客户投诉的问题，应及时提供上门服务，解决问题并做好记录。

第三节 土木工程项目进度管理

加强项目进度管理，按期完成项目建设任务，是土木工程施工管理的一项重要内容。土木工程项目进度管理，是指在土木工程项目实施过程中，对各阶段的进展程度和项目最终完成的期限所进行的管理，目的是在满足时间约束的条件下实现项目总目标。

土木工程项目进度管理涉及为确保项目按期完成所需的所有过程，包括规划进度管理、工作定义、工作顺序安排、工作资源估算、工作时间估算、进度计划制订和进度控制等。

一、土木工程项目规划进度管理

土木工程项目规划进度管理是为规划、编制、管理、执行和控制项目进度而制定政策、程序和文档的过程，其主要目的是为在整个项目过程中管理项目进度提供指南和方向。该阶段的主要成果是形成进度管理计划。

（一）土木工程项目规划进度管理的依据

1.项目管理计划

项目管理计划中的范围基准（包括项目范围说明书和工作分解结构等），以及与规划进度相关的成本、风险和沟通决策等内容，可用于编制进度管理计划。

2.项目章程

项目章程中规定的总体里程碑进度计划和项目审批要求等，会影响项目的进度管理。

3.环境因素

环境因素是项目团队不能控制的，会对项目产生影响、限制或指令作用的各种条件。可能影响规划进度管理的环境因素包括组织文化和结构、资源可用性和技能、提供进度规划工具的项目管理软件、商业数据库中的商业信息，以及组织中的工作授权系统等。

4.组织过程资产

组织过程资产是组织所特有并使用的计划、流程、政策和知识库。可能影响规划进度管理的组织过程资产包括进度监督和报告工具，历史信息，进度控制工具，与进度控制有关的政策、程序和指南，项目收尾指南，变更控制程序，以及风险控制程序等。

（二）土木工程项目规划进度管理的方法

1.专家判断

专家判断是基于历史信息的判断。专家可以根据某学科、领域或行业的专业知识，对正在开展的工作提供有价值的见解，还可以就是否需要联合使用多种方法，以及如何协调方法之间的差异等提出建议。

2.方法选择

规划进度管理需要对项目进度的估算和规划方法、项目进度快速跟进或赶工的方法等进行选择。

3.组织会议

项目团队可以通过组织规划会议的方式制订进度管理计划。参会人员包括项目经理、项目发起人、项目团队成员、项目干系人、进度规划或执行负责人，以及其他必要人员。

二、土木工程项目工作定义与工作顺序安排

（一）土木工程项目工作定义

土木工程项目工作定义，就是对工作分解结构中规定的可交付成果或半成品的产生所必须进行的具体工作（活动、作业或工序）进行定义，并形成相应的文件，包括工作清单和工作分解结构的更新。

在土木工程项目中，工作的范围可大可小，需根据具体情况和需要来确定。例如，可以把挖土、垫层、砖基础、回填土各定义为一项工作，也可以把上述四项工作综合为一项基础工程。

1.工作定义的依据

（1）进度管理计划

进度管理计划规定了管理工作所需的详细程度，为工作定义提供了基础框架，确保了工作定义的准确性和有效性。

（2）项目范围说明书

在工作定义过程中，应明确考虑项目范围说明书中的项目交付成果、限制性条件和假设等。项目交付成果是各层次子产品的总和，项目交付成果达成，标志着项目的完成。限制性条件是指限制项目团队进行选择的因素，比如管理要求或合同要求的强制完成的里程碑事件等。假设是指在项目管理中被当成真实的、现实的或确定的因素来使用的条件，比如每周的工作时间或工程实施年限。

（3）工作分解结构

范围管理中做出的工作分解结构是工作定义的基本依据。工作分解结构通过子单元来表达主单元，每一工作的编码都是唯一的，因此十分明确。任何工作项目的成本和进度都可通过计算其下层工作的成本、进度得到。由于工作分解结构是从粗到细、分层划分的树状结构，因此根据工作分解结构可

以列出不同粗细程度的工作清单。

（4）环境因素

影响工作定义的环境因素包括组织文化和结构、商业数据库中发布的商业信息，以及项目管理信息系统等。过去开展的类似项目的各种历史信息对于工作定义也具有重要的指导和参考作用。

（5）组织过程资产

影响工作定义的组织过程资产包括现有的、正式和非正式的、与工作规划相关的政策、程序和指南，经验教训知识库，标准化流程，以及来自以往项目的、包含标准工作清单或部分工作清单的模板等。

2.工作定义的方法

（1）分解法

分解法是在项目工作分解结构的基础上，将项目工作按照一定的层次结构逐步分解为更小的、更具体的和更容易控制的工作，从而找出完成项目目标所需的所有工作的技术。

（2）模板法

模板法是一种借用历史资料，参照过去的样板的方法。已完成的类似项目的工作清单或其中一部分，往往可以作为一个新项目工作清单的模板。模板中相关工作的属性信息包括资源技术清单、工作时间、风险、预期交付成果，以及其他描述信息。将这些类似的清单作为样板，可大大加快工作定义的进程。

（3）滚动式规划

随着工作的不断分解，项目范围所包括的内容更加详细。滚动式规划是一种迭代式、渐进明细的规划技术，即详细规划近期要完成的工作，同时在较高层级上粗略规划远期工作。因此，在项目生命周期的不同阶段，工作的详细程度会有所不同。在早期的战略规划阶段，信息尚不明确，工作只能分解到已知的详细水平，而随着了解到的信息越来越多，近期即将实施的工作就可以分解为更加具体的工作。

（4）专家判断

在制定详细项目范围说明书、工作分解结构和项目进度计划方面，具有经验和技能的项目团队成员或其他专家，可以为工作定义提供专业知识。

（二）土木工程项目工作顺序安排

土木工程项目工作顺序安排就是确定各项工作之间的依赖关系，并形成文档。为了进一步编制切实可行的进度计划，首先必须对工作顺序进行准确安排。工作顺序安排可以利用项目管理软件进行，也可以手工操作。对于一些小项目或大型项目的早期阶段，手工操作更为有效，而在实际运用过程中，手工操作和项目管理软件可以结合起来。

1.工作顺序安排的依据

（1）进度管理计划

进度管理计划规定了用于项目进度规划的方法和工具，对工作顺序安排具有指导作用。

（2）工作清单

工作清单列出了项目所需的、待排序的全部进度工作。这些工作之间的依赖关系及其制约因素会对工作顺序安排产生影响。

（3）工作属性

工作属性中可能描述了事件之间的必然顺序或确定的紧前、紧后关系。

（4）里程碑事件

里程碑事件应作为工作顺序安排的一部分，以确保里程碑事件实现的日期满足要求。

（5）项目范围说明书

项目范围说明书包含产品范围描述，而产品范围描述又包含可能影响工作顺序安排的产品特征，如待建厂房的布局图或软件项目中的子系统界面。项目范围说明书中的其他信息也可能影响工作顺序安排，如项目可交付成果、项目制约因素和假设条件。虽然工作清单中已体现了这些因素的影响结果，但在进行工作顺序安排时，仍需要对产品范围描述进行整体审查，以确保准确性。

（6）环境因素

影响工作顺序安排的环境因素包括政府或行业标准、项目管理信息系统、进度规划工具、公司的工作授权系统等。

（7）组织过程资产

影响工作顺序安排的组织过程资产包括公司知识库中有助于确定进度规划方法的项目档案，现有的、正式或非正式的、与工作规划有关的政策、程序和指南，以及有助于加快项目工作网络图编制的各种模板等。

2.工作顺序安排的成果

（1）项目工作网络图

项目工作网络图就是以图的形式揭示项目工作（活动）的逻辑关系。可以手工完成，也可以在计算机上完成。项目工作网络图可以包括项目的全部工作细节，也可以只有一个或多个概括性的工作。图中还应附有简要的文字，说明工作顺序安排的基本方法。对于任何特殊的顺序都应详细说明。

（2）项目文件更新

需要更新的项目文件包括工作清单、工作属性、里程碑事件清单、风险登记册等。

三、土木工程项目工作资源估算与工作时间估算

（一）土木工程项目工作资源估算

土木工程项目工作资源估算包括确定需要何种资源（人员、设备或材料）、每种资源的使用数量，以及每一种资源提供给工作使用的时间。工作资源估

计的主要作用是明确完成工作所需的资源种类、数量和特性，以便更准确地估算成本和持续时间。

1.不同阶段所需的工作资源

工程项目实施的不同阶段，其所需资源的特点也有所差别。

工程项目决策阶段：作出正确的决策，需要高级专业技术人员进行深入、细致的市场调查和技术经济分析，并且编制可行性研究报告，辅助决策者进行判断和决策。所以，此阶段所需的工作资源主要是人力资源，而所需的材料和设备则起辅助作用。工程项目决策阶段的资源投入占工程项目总的资源投入量的 1%～3%，但这个阶段对整个工程项目总体投资的影响却是至关重要的。

工程项目准备阶段：工程项目准备工作需要大量的专业人员，特别是设计工作需要各种专业工程师，还需要计算机（包括各类软件）、绘图仪器等软硬件设备，以及数据、规范、法律法规、专业书籍等各种资料。此阶段所需的资源也以人力资源为主。

工程项目实施阶段：工程项目实施阶段的主要任务是施工。施工是建筑物实体的生产，所需资源主要包括劳动力、材料、施工机械设备、临时设施，以及后勤供应资源等。这些资源是工程项目实施必不可少的，它们的费用往往占工程总费用的 80%以上。

工程项目试生产及竣工验收阶段：这一阶段的工作主要是对各种资料的整理，以及工程的最后调试，资源需求量已很少。

2.工作资源估算的依据

（1）进度管理计划

进度管理计划中确定了工作资源估算准确度和所使用的计量单位。

（2）工作清单

工作清单定义了需要资源的工作。

（3）工作属性

工作属性为估算每项工作所需的资源提供了依据。

（4）资源日历

资源日历表明了每种具体资源可用的工作日或工作班次。在估算资源需求情况时，需要了解在规划的工作期间，哪些工作资源（如人力资源、设备和材料）可用。资源日历规定了在项目开展期间特定的工作资源何时可用、可用多久。建立资源日历，需要在工作或项目层面上考虑资源属性，如经验或技能水平、来源地和可用时间等。

（5）风险登记册

风险事件可能影响资源的可用性，以及对资源的选择。

（6）工作成本估算

工作成本估算包括对资源成本的估算，资源的成本可能影响对资源的选择。

（7）环境因素

影响工作资源估算的环境因素包括资源所在位置、可用性和技能水平等。

（8）组织过程资产

影响工作资源估算的组织过程资产包括人员配备的政策和程序，租用、购买用品和设备的政策与程序，以及以往项目中类似工作所使用的资源类型的历史信息等。

3.工作资源估算的方法

（1）资源需求分析

资源需求分析需确定每个阶段需要的资源种类、数量及使用时间。

①在工程项目决策阶段，需要咨询工程师牵头，组织各专业技术人员对工程项目进行全面、系统的分析，为决策者提供决策依据。

②在工程项目准备阶段，要围绕工程项目的设计进行大量的工作，需要不同专业工程师的参与，同时需要计算机（包括各类软件）、绘图仪器等软硬件设备。

③在工程项目实施阶段，对管理人员、专业技术人员和一般劳动力的需求很大，对材料和设备的需求也很大。这一阶段的资源需求分析，主要是通过计算工程量，并参考预算定额，确定直接劳务人员的需要量、建筑材料的

需要量、所需机械的台数及使用时间。同时，参考一定的经验，估算出工程项目所需的间接劳务人员和管理人员的数量。

④在工程项目试生产及竣工验收阶段，资源需求已接近尾声，对资源的需求非常少，不再赘述。

（2）资源供给分析

资源供给问题可以从工程项目组织内部或外部解决，而且解决的方式也是多种多样的。分析资源的可获得性及获得的难易程度，是资源供给分析的主要内容。

①对内部资源进行分析。例如，设计单位分析内部拥有的设计人员和各种设备，以及人员和设备的可用性。有时，设计单位虽然拥有自己的设计人员，但他们可能还要完成其他的工程项目，对这种资源的可获得性就要进行更加详细的分析。

②对外部资源进行分析。例如：在决策阶段，建设方可以委托专业的咨询公司完成可行性研究等工作；在设计阶段，设计单位可以委托外部的专业工程师完成部分专业设计工作。

（3）备选方案分析

确定需要哪些资源和如何得到这些资源后，就要进行备选方案分析。工程项目中的很多工作都有备选的实施方案，如使用不同能力或技术水平的劳动力、不同规模或类型的设备、不同类型的工具，以及通过不同方式（自制、租赁或购买）获得相关资源等。可比较这些资源类型、获取方式等对进度的影响，分析其使用成本，从而确定资源的组合模式（即各种资源所占比例与组合方式）。

事实上，不同备选方案下的资源组合模式对进度或成本的影响很大，如在混凝土工程中，自建混凝土搅拌站或采用商品混凝土，用混凝土泵车浇注或用普通方法浇注，其费用有明显的不同。相关人员要根据实际情况，综合考虑劳动力成本与机械费用的差值、工作面大小、进度要求等多方面的因素，选择最合适的资源组合模式。

（4）资源分配及资源计划编制

确定了资源的供给方式和组合模式后，就要根据不同任务的资源需求进行资源分配。资源分配是一个系统的工程，既要保证各个任务分配到合适的资源，又要努力实现资源总量最少、使用平衡。资源分配的最佳效果是所有任务都分配到了所需的资源，而所有的资源也得到了充分的利用。

编制资源计划可以通过自下而上估算的方式进行，即从下到上逐层汇总工作分解结构中每一工作需要的资源类型和数量，从而得到项目所需各种资源的数量、获得方式、使用时间等，也就形成了资源计划。

（5）资源计划的优化

各种资源的费用在工程费用中占有相当大的比重，资源的合理组合、供应及使用，对工程项目的经济效益具有很大的影响。因此，对资源计划进行优化，能够实现工程项目收益最大化或项目成本最小化的目的。

对资源计划进行优化时，应先定义优先级，确定各种资源的重要性。优先级的定义可以因项目的不同而有所区别，一般有以下几个标准：资源的数量和价值量；资源增减的可能性；资源的获得程度和可替代性；资源供应问题对项目的影响。然后，根据资源的优先级对资源计划进行优化。

（二）土木工程项目工作时间估算

土木工程项目工作时间估算就是估计完成每一项工作可能需要的时间。工作时间是一个随机变量，由于无法事先确定未来项目实际进行时将处于何种环境，所以对工作时间只能进行估算。但是估算的任务应尽可能地接近现实，便于项目的正常实施。为了达到这个目的，无论采用何种估算方法，创造一个可行的环境都是必要的，所以，进行工作时间估算时，必须考虑工作范围、所需资源类型、估算的资源数量和资源日历。

土木工程项目工作时间估算的依据应由项目团队中最熟悉具体工作的个人或小组提供。对工作时间的估算应循序渐进，在估算过程中应考虑所依据数据的数量和质量。例如，在工程项目的设计工作中，随着数据越来越详细，越来越准确，工作时间估算的准确性也会越来越高。

　　1.工作时间估算的依据

　　（1）进度管理计划

　　进度管理计划规定了用于估算工作时间的方法和准确度，以及其他标准，如项目更新周期。

　　（2）工作清单

　　工作清单列出了需要进行时间估算的所有工作。

　　（3）工作属性

　　工作属性为估算每个工作的持续时间提供了重要依据。

　　（4）工作资源需求

　　工作资源需求会对工作时间产生影响。对于大多数工作来说，所分配的资源能否达到要求，对该工作的持续时间有显著影响。例如，向某个工作新增资源或分配低技能资源，就需要增加沟通、培训和协调工作，这就可能导致工作效率或生产率下降，以致完成该工作需要更长的时间。

　　（5）资源日历

　　资源日历中的资源可用性、资源类型和资源性质，都会影响工作时间。例如，经验丰富的人员完成指定工作所用时间一般要比经验少的人员所用时间短。

　　（6）项目范围说明书

　　在估算工作时间时，需要考虑项目范围说明书中所列的假设条件和制约因素。假设条件包括现有条件、信息的可用性，以及报告期的长度等；制约因素包括可用的熟练资源，以及合同条款和要求等。

　　（7）已识别的风险

　　对于每一项工作，项目团队在基准持续时间估算的基础上，应考虑风险因素，特别是那些发生概率较高或后果评定分数较高的风险因素。

（8）资源分解结构

资源分解结构按照资源种类和形式，提供了已识别资源的层级结构。

（9）环境因素

影响工作时间估算的环境因素包括工作时间估算数据库和其他参考数据、生产率测量指标、发布的商业信息，以及团队成员的所在地等。

（10）组织过程资产

影响工作时间估算的组织过程资产包括关于工作时间的历史信息、项目日历、进度规划方法，以及经验教训等。

2.工作时间估算的方法

（1）类比估算法

类比估算法也被称为自上而下的估算，是指以从前类似工作的实际工作时间为基本依据，估算将来计划工作的时间。这是一种粗略的估算方法，有时需要根据项目复杂性方面的已知差异进行调整。在项目详细信息不足时，如项目的早期阶段，经常使用这种方法来估算项目工作时间。

（2）利用历史数据估算

在工作时间估算中可利用的历史资料包括：

①定额。我国有规模庞大的定额体系。按粗细程度可分为概算定额、预算定额和施工定额；按主编单位和管理权限可分为全国统一定额、行业统一定额、地区统一定额、企业定额；按内容可分为人工消耗定额、材料消耗定额和机械台班定额。在利用定额资料进行工作时间估算时，要注意定额反映的是各部门或各地区在正常条件下的平均生产率水平，并不代表某一具体项目的劳动生产率，所以项目团队成员要根据自己的经验和本项目的实际情况，对定额数据进行调整。利用定额进行工作时间估算时，一般采用单一时间估算法。

②项目档案。参加该项目的各个单位可能保存了以前完成项目的档案资料，这些可用来估算工作时间。

③商业化的时间估算数据库。对于工作时间不受实际工作内容影响的项

目，对其进行工作时间估算时，使用商业化的时间估算数据库是非常有用的，例如：混凝土养护所需要的时间；对于某种类型的申请，政府机构的审批时间；等等。

④项目团队成员的记忆与知识。项目团队成员以前完成项目的实际工作时间等记忆，对于工作时间估算有一定的作用，但一般不如档案记载的信息可靠。此外，项目团队成员在过往项目中积累的知识，也对工作时间估算有一定的影响。

（3）专家判断估算

影响工作时间的因素有很多，专家可以根据历史资料和他们的经验进行工作时间估算。当各项工作可变因素较多，又不具备一定的时间查找历史资料时，就不能估算出一个肯定的单一的时间值，而只能根据概率理论计算期望值。专家判断估算常常采用三时估算法。

（4）模拟法

模拟法是指采用不同的假定条件计算出工作的多种持续时间。最常用的是蒙特卡罗分析法，即首先确定每项工作可能的持续时间，进而利用这些结果计算整个项目可能的持续时间。

（5）群体决策法

基于团队的群体决策法（如头脑风暴法、德尔菲法、名义小组法）可以调动团队成员的积极性，有利于获取额外的信息，提高估算的准确度，并增强团队成员对估算结果的责任感。

（6）储备分析法

在估算工作时间时，项目团队可以选择增加一个附加时间，作为储备时间、应急时间或缓冲时间，并将其纳入项目进度计划，用来应对进度方面的风险或不确定性。储备时间可以是估算时间的一个百分比、某一固定的时间段，也可以通过定量分析来确定。随着项目信息逐渐明确，可以调整、减少或取消储备时间。在项目进度文件中应清楚地列出储备时间。

四、土木工程项目进度计划制订和进度控制

（一）土木工程项目进度计划制订

土木工程项目进度计划制订就是根据项目的工作定义、工作顺序安排，以及工作时间估算的结果和所需要的资源，创建项目进度模型的过程，其主要任务是确定各项目工作的起始和完成日期、具体的实施方案和措施。制订可行的项目进度计划，往往是一个反复进行的过程。制订进度计划的依据如下：

进度管理计划。进度管理计划规定了用于制订进度计划的进度规划方法和工具，以及推算进度计划的方法。

工作清单。工作清单明确了进度计划需要包含的工作。

工作属性。工作属性提供了创建进度模型所需的细节信息。

项目工作网络图。项目工作网络图包含用于推算进度计划的紧前、紧后工作的逻辑关系。

工作资源需求。工作资源需求明确了每个工作所需的资源类型和数量，用于创建进度模型。

资源日历。资源日历规定了某种资源在项目期间的可用性。

工作时间估算结果。工作时间估算结果明确了完成各工作所需的工作时段数，用于进度计划的推算。

项目范围说明书。项目范围说明书包含了影响进度计划制订的假设条件和制约因素。

风险登记册。风险登记册中的所有已识别风险的详细信息及特征，会影响进度模型的创建。

项目人员分派。项目人员分派明确了分配到每项工作中的人力资源。

资源分解结构。资源分解结构提供的详细信息，有助于开展资源分析、编制情况报告。

环境因素。影响进度计划制订的环境因素包括标准、沟通渠道，以及用以创建进度模型的进度规划工具等。

组织过程资产。影响进度计划制订的组织过程资产包括进度规划方法论和项目日历等。

（二）土木工程项目进度控制

在土木工程项目的实施过程中，由于受到种种因素的干扰，实际进度与计划进度常常有一定的偏差。这种偏差如果得不到及时纠正，必将影响项目目标的实现。为此，在项目进度计划的执行过程中，必须采取系统的控制措施，比较实际进度与计划进度，发现偏差，及时采取纠偏措施。土木工程项目进度控制的具体内容包括：①对造成进度变化的因素施加影响，以保证这种变化朝着有利的方向发展；②确定进度是否已发生变化；③在变化实际发生时，对这种变化实施管理。

1.土木工程项目进度控制的依据

（1）项目管理计划

项目管理计划包含进度管理计划和进度基准。进度管理计划描述了应如何管理和控制项目进度；进度基准作为与实际进度相比较的依据，用于判断是否需要进行进度变更，或采取纠正、预防措施。

（2）项目进度计划

批准的项目进度计划，称为进度基准计划。进度基准计划在技术和资源方面都必须是可行的。

（3）进度报告

进度报告提供了有关进度绩效的信息，以及项目团队应注意的将来可能引起问题的事项。

（4）项目日历

在一个进度模型中，可能需要采用不止一个项目日历来进行项目进度控制，因为有些工作需要不同的工作时段，可能需要对项目日历进行更新。

（5）进度数据

在控制进度的过程中，需要对进度数据进行审查和更新。

（6）组织过程资产

影响进度控制的组织过程资产包括与进度控制有关的政策、程序和指南，进度控制工具，以及监督和报告进度的方法等。

2.土木工程项目进度控制的工作成果

（1）工作绩效信息

针对工作分解结构组件，特别是工作包和控制账户，计算出进度偏差与进度绩效指数，并记录在案，传达给项目干系人。

（2）进度预测

进度预测是根据已有的信息和知识，对项目未来的情况和事件进行的估算或预计。在项目执行过程中，应基于工作绩效信息，更新或重新发布进度预测。

（3）变更请求

通过分析进度偏差，审查进展报告、绩效测量结果和项目范围，可能会对进度基准、范围基准和项目管理计划的其他组成部分提出变更请求，变更请求需经过一个系统的审查和处理过程，以确保变更的合理性和有效性，这个过程被称为实施整体变更控制过程。

（4）项目管理计划更新

项目管理计划中需要更新的内容包括进度基准、进度管理计划，以及成本基准等。

（5）项目文件更新

需要更新的项目文件包括进度数据、项目进度计划和风险登记册等。

（6）组织过程资产更新

需要更新的组织过程资产包括产生偏差的原因、采取的纠正措施及其理由，以及从项目进度控制中得到的其他经验教训。

第四节　土木工程项目
安全生产管理

目前，我国的城市化建设随着社会经济的不断发展而进步，但在近几年，土木工程建设过程中的安全问题时常发生。加强土木工程项目安全生产管理工作对保障施工人员的生命安全，推动土木工程项目的正常开展都具有重要意义。

一、土木工程项目策划决策阶段的安全管理

安全是土木工程项目的基本性能要求之一，应贯穿土木工程项目管理的全过程。在项目策划决策的不同阶段，应做好相应的安全管理工作。例如，在建设方案研究阶段，应进行安全隐患因素分析并制定安全生产保障措施，在可行性研究阶段，应做好项目的安全预评价工作，从项目初始就对工程项目的安全问题予以重视。

（一）建设方案研究阶段的安全管理

建设方案研究是指对项目各种建设方案进行分析研究、比选和优化，拟采用最佳方案的过程，是进行项目经济评价、环境评价和社会评价的基础。在此阶段，应对拟建的工程项目生产过程中的安全隐患因素进行分析，提出相应的安全生产保障措施，并将建设方案的安全性作为比选和评价的一个重要方面。

1.安全隐患因素分析的主要内容

①主要物料的理化性能指标。

②工程项目的危险因素及其危险程度，有害因素及其有害程度。

③工程项目的安全条件。

④主要技术、工艺、方式，以及装置、设备、设施的安全可靠性。

⑤工程项目的重大危险源。

2.安全生产保障措施

针对安全隐患因素的场所、范围、危害程度，应采取相应的安全生产保障措施。主要有：

①选择工艺技术方案时，应尽可能地选用安全、无危害的生产工艺和设备。

②对危险部位和危险作业，应采取安全防护措施。

③对危险场所，应按劳动安全规范提出合理的生产工艺方案，科学设置安全间距。

④对易产生职业病的场所，应采取防护措施，编制卫生保健方案。

⑤在危险场所，应设置自动报警、紧急事故处理等安全设施。

⑥对存在高温、噪声等的工作环境，应采取保护性防护措施，如隔热、降温、消音等措施，定期对设备性能进行测试。

⑦在有可能产生危害的生产过程中，应尽量采用自动化作业，减少体力劳动，保护职工的健康。

（二）可行性研究阶段的安全预评价

安全预评价是根据项目的建设方案分析预测工程项目可能存在的危险、有害因素的种类和程度，提出合理可行的安全对策、措施及建议。安全预评价的目的是贯彻"安全第一、预防为主"方针，为工程项目策划决策阶段的分析研究和初步设计工作提供科学依据，以提高工程项目本身的安全程度。工程项目的安全预评价工作应在可行性研究阶段进行，在工程项目初步设计会审前完成，并通过安全监督管理部门的审批。

1.安全预评价的内容

根据《安全预评价导则》（AQ 8002—2007）要求，安全预评价主要包括危险、有害因素识别，危险度评价，安全对策措施及建议等方面的内容。

2.安全预评价的程序

安全预评价程序一般包括：准备阶段，危险、有害因素识别与分析，确定安全预评价单元，选择安全预评价方法，定性、定量评价，安全对策措施及建议，安全预评价结论，编制安全预评价报告。

（1）准备阶段

明确被评价对象和范围，进行现场调查，收集国内外相关法律法规、技术标准及工程项目资料。

（2）危险、有害因素识别与分析

根据工程项目周边环境、生产工艺流程或场所的特点，识别和分析工程项目潜在的危险、有害因素。

（3）确定安全预评价单元

在危险、有害因素识别与分析的基础上，根据评价的需要，将工程项目分成若干个评价单元。评价单元是为了满足安全评价的需要，可按照工程项目生产工艺或场所的特点，将生产工艺或场所划分成若干个相对独立的部分。划分安全预评价单元的一般性原则是：按生产工艺功能、生产设施设备相对空间位置、危险有害因素类别及事故范围划分评价单元，使评价单元相对独立，具有明显的界限特征。

（4）选择安全预评价方法

根据被评价对象的特点，选择科学、合理、适用的安全预评价方法。常用的安全预评价方法有：

事故致因因素安全评价方法：专家现场询问、观察法；危险和可操作性研究；故障类型及影响分析；事故树分析；事故引发和发展分析；因果（鱼刺）图分析法等。

能够提供危险度分级的安全评价方法：危险和可操作性研究；故障类型

及影响分析；事故树分析；风险矩阵评价法；安全度评价法；重大危险源辨识方法；"安全检查表—危险指数评价—系统安全分析"评价法；统计图表分析法等。

可以提供事故后果的安全评价方法：故障类型及影响分析；事故树分析；逻辑树分析；概率理论分析；模糊矩阵法；易燃、易爆、有毒重大危险源评价法；统计图表分析法；事故模型法等。

（5）定性、定量评价

选定安全预评价方法后，对危险、有害因素导致事故发生的可能性和严重程度进行定性、定量评价，以确定事故可能发生的部位、频次、严重程度，为采取安全措施提供科学依据。

（6）安全对策措施及建议

根据定性、定量评价结果，提出消除或减弱危险、有害因素的管理措施及建议。安全对策措施应包括以下几个方面：

①总图布置和建筑方面安全措施。

②工艺和设备、装置方面安全措施。

③安全工程设计方面对策措施。

④安全管理方面对策措施。

⑤应采取的其他综合措施。

（7）安全预评价结论

简要列出主要危险、有害因素评价结果，指出工程项目应重点防范的重大危险、有害因素，明确应采取的重要安全对策措施，从安全生产的角度给出工程项目是否符合国家有关法律法规、技术标准的结论。

（8）编制安全预评价报告

安全预评价报告应当包括以下重点内容：编制说明；项目概况；工程项目危险、有害因素分析；评价单元划分和预评价方法的选用；安全状况初步评价；定性、定量评价；安全、卫生健康措施；安全预评价结论。

二、土木工程项目设计阶段的安全管理

按照国家的有关规定，一般土木工程项目分两个阶段进行设计，即初步设计和施工图设计。对于技术复杂而又缺乏设计经验的工程项目，经主管部门批准，可增加技术设计阶段；对于一些大型联合企业、矿山、水利水电枢纽和房地产小区，为解决总体部署和开发问题，在进行初步设计前，还需进行总体设计。设计阶段是土木工程项目中的一个非常重要的环节，设计安全对于工程项目的安全具有重要影响，如果在设计过程中忽视项目的安全性，可能会给工程项目带来不可弥补的损失。

（一）初步设计阶段的安全管理

对于一般的工程项目，初步设计阶段是设计的第一阶段，主要任务是提出设计方案，把可行性研究报告中提出的安全措施和设施，以及安全预评价报告中建议的安全措施和设施，在初步设计中加以体现，并编写安全报告加以说明。初步设计阶段的安全报告主要包括以下内容：

1.设计依据

①工程项目依据的批准文件和相关的合法证明。

②国家、地方政府和主管部门的有关规定。

③采用的主要技术标准、规范和规程。

④其他设计依据，比如地质勘探报告、可行性研究报告和安全预评价报告等。

2.工程概述

①本工程的基本情况。

②工程中涉及安全问题的相关新研究成果、新工艺、新技术和新设备等。

③影响安全的主要因素及防范措施。

④对项目安全及产生影响的总体评价。

⑤存在的问题及建议。

3.地质安全影响因素

①区域地质特点、主要构造带的分布、发生地质灾害的可能性。

②地表水系和地下水赋存状态对项目实施的影响。

4.工程项目安全评述

①选用的施工技术方法的安全性。

②项目作业对周边建筑物安全产生影响的分析。

③应急设施的功能和可靠性。

5.机电及其他

①机械设备的安全性。

②供配电系统的安全性。

③给排水系统的可靠性。

除上述内容外，安全报告还应包括总平面布置和卫生保健设施，在此不再展开论述。

（二）施工图设计阶段的安全管理

施工图设计是根据已批准的初步设计（或技术设计）文件，把初步设计中确定的设计原则和设计方案，进一步具体化、明确化，通过详细计算和安排，绘制出正确、完整的建筑、安装图纸，并编制施工图预算的过程。施工图设计的内容以施工图纸为主，还包括设计说明、材料及设备明细表、施工图预算等。

施工图设计是工程项目实施的依据，如果图纸中有不安全的因素，则在实施过程中或工程竣工后，就会存在隐患，工程项目的危险性就会增大，这些隐患如果不加以排除，可能会导致在施工过程中或工程完成后发生安全事故，造成人员伤亡及财产损失。因此，必须做好施工图设计的安全管理工作，对图纸中的设计是否符合有关的标准、规范、规定和条例进行复查，确保工程项目的安全性。

施工图设计阶段的安全报告应包括以下内容：

全项目性文件：①设计总说明中的相关安全法律规定。②总平面设计的安全性说明。③室外管线图设计的安全性说明。④编制工程总概算时应考虑的安全管理经费。

各建筑物的设计文件：①协调建筑设计与结构安全的方案。②构造设计的安全性。③水暖、电气、卫生、热机等设备安排的安全性。④非标准设备制造的安全性。⑤材料安排的安全性。⑥设备安装的安全性。⑦单项工程预算中应考虑的安全管理经费。

各专业工程计算书、计算机辅助设计软件及资料的安全性。

工程施工中的安全性要求。

三、土木工程项目施工阶段的安全管理

土木工程项目施工阶段的安全管理包括施工安全策划、编制施工安全计划、施工安全计划的实施、安全检查、安全计划验证与持续改进。

（一）施工安全策划

针对项目的规模、结构、环境、技术特点，危险源与环境因素的识别、评价和控制策划结果，适用的法律法规和其他管理要求，以及资源配置等因素进行工程项目的施工安全策划。

（二）编制施工安全计划

根据项目施工安全策划的结果，编制施工安全计划。施工安全计划的编制流程是：确定安全目标，确定过程控制要求，制定安全技术措施，配置必要的资源，确保安全目标的实现。

施工安全计划应针对项目特点、项目实施方案及程序，依据安全法规和标准等加以编制，主要内容包括：

1.项目概况

包括工程项目的性质和作用，建筑结构特征，建造地点特征，施工特征，以及可能存在的主要的不安全因素等。

2.明确安全控制和管理目标

应明确项目安全控制和管理的总目标和子目标，目标要具体化。

3.确定安全控制和管理程序

根据安全控制和管理目标，依据安全控制策略，确定安全控制和管理的程序。

4.确定安全组织机构

包括项目的安全组织机构形式，安全组织管理层次，安全职责和权限，安全管理人员组成，以及安全管理规章制度。

5.确定安全管理职责和权限

根据安全组织机构状况，明确不同组织层次各相关人员的职责和权限，进行责任分配。

6.进行安全资源配置

针对项目特点，确定安全管理和控制所必需的材料、设施等资源，并制定具体的安全资源配置方案，将其列入资源需求计划。

7.采取安全技术措施

针对不安全因素采取相应措施，特别是要制订应急计划，明确遇到危险情况时的联络方式，以应对可能出现的紧急情况。安全技术措施主要包括：

①新工艺、新材料、新技术和新结构的安全技术措施。

②预防自然灾害的措施，如防雷击、防滑等措施。

③高空作业的防护和保护措施。

④安全用电措施和机电设备的保护措施。

⑤防火、防爆措施。

8.落实安全检查评价和奖惩制度

确定项目的安全检查时间、安全检查人员组成、安全检查事项和方法、安全检查记录要求，形成结果评价，并编写安全检查报告；明确奖惩标准和方法，制定针对安全施工优胜者的奖励制度。

（三）施工安全计划的实施

项目的施工安全计划应经上级机构审批后实施。施工安全计划的实施包括建立和执行安全生产管理制度、开展安全教育培训、进行安全技术交底等工作。

1.建立和执行安全生产管理制度

安全生产管理制度以制度的形式明确了各级领导、各职能部门、各类人员在施工生产活动中应负的责任，是最基本的一项安全管理制度。

2.开展安全教育培训

安全教育培训是施工安全计划的核心内容之一，是让所有现场人员都明确施工安全计划，掌握安全生产知识的前提和保证。应明确对不同层次的施工人员开展安全教育培训所要求的范围，公司对员工安全教育培训的要求应高于国家或者当地政府的最低要求。安全教育培训应包括四个基本步骤：培训前的准备、信息与知识的传授、培训效果评价和监督执行。

3.进行安全技术交底

①总承包项目的安全技术交底应逐级进行，由总承包项目部向分包商交底，由分包商向施工人员交底。交底应采用书面文本的形式，以通俗易懂的文字说明进行，交底与被交底人双方应签字认可。

②单位工程开工前，单位工程技术负责人必须将工程概况、施工方法、施工工艺、施工程序、安全技术措施，向承担施工任务的作业队的负责人、工长、班组长进行交底。

③结构复杂的分部、分项工程施工前，应有针对性地进行全面详细的安

全技术交底，使执行者了解安全技术措施的具体内容和施工要求，确保安全措施落到实处。

④应保存双方签字确认的安全技术交底文本，记录交底时间和参加人员。

（四）安全检查

对施工现场的安全检查应贯穿工程项目施工的全过程，及时发现施工过程中存在的安全问题，并进行整改，消除隐患。同时，安全检查还包括对施工现场的安全生产管理制度、安全管理资料等进行检查。安全检查的具体要求如下：

①项目经理部应以施工安全计划为依据，定期对计划的执行情况进行考核评价，验证计划的实施效果。

②项目经理部应通过安全检查了解安全生产状态，发现施工中的不安全行为和隐患，分析原因并采取相应防范措施。

③应根据施工过程的特点和施工安全计划目标的要求确定阶段性的安全检查内容，包括安全生产责任制、安全计划、安全组织机构、安全保证措施、安全技术交底、安全教育、安全持证上岗、安全设施、安全标志、操作行为、违规处理、安全记录等。

④各种安全检查都应配备必要的资源，确定检查负责人，抽调专业检查人员，明确检查内容及要求。

⑤可采取随机抽样、现场观察、实地检测相结合的方法进行安全检查。进行安全检查时，应采用检测机械、仪表或工具，用数据说话；应监督现场管理人员和操作人员的违章指挥和违章作业行为，检查操作人员对安全施工常识的掌握情况，综合评价其安全素质。

⑥必须实事求是地记录安全检查结果，如实反映隐患部位、危险程度、形成的原因，并提出处理意见。

⑦应根据安全记录进行全面的定性和定量分析，编制安全检查报告。安

全检查报告的内容应包括已达标项目、未达标项目，未达标项目存在的问题、原因，以及应采取的纠正措施、预防措施等。

（五）安全计划验证与持续改进

项目负责人应定期组织具有资格的安全生产管理人员，验证工程项目施工安全计划的实施效果。当工程项目施工安全管理中存在安全问题或安全隐患时，应提出解决措施，每次验证应做好记录并予以保存。对重复出现的安全隐患或安全问题，不仅要分析原因、采取措施、予以纠正，而且要追究责任，对相关人员进行处罚。同时，应持续改进工程项目的施工安全计划，不断提高安全管理的效率。

参 考 文 献

[1] 鲍静. 土木工程建设中环境岩土工程的问题分析[J]. 有色金属工程, 2024, 14 (02): 155.

[2] 陈骞. 土木工程中大体积混凝土结构施工技术的运用[J]. 上海建材, 2024 (01): 64-66.

[3] 董轩. 土木工程施工管理中存在的问题及对策分析[J]. 城市建设理论研究 (电子版), 2024 (14): 206-208.

[4] 杜渭辉, 严辛, 杜勇. 土木工程施工中地基加固结构技术的运用路径研究 [J]. 产品可靠性报告, 2023 (12): 137-139.

[5] 段朋朋. 土木工程建筑中混凝土结构的施工[J]. 中国住宅设施, 2024 (01): 148-150.

[6] 高伟. 地基基础工程施工技术要点和施工质量管理措施[J]. 房地产世界, 2024 (02): 59-61.

[7] 葛雪峰. 土木工程建筑中混凝土裂缝的施工处理技术分析[J]. 中国高新科 技, 2024 (08): 51-53.

[8] 郭辉. 城镇建设建筑工程土木工程施工技术控制的重要性[J]. 新型城镇 化, 2024 (03): 61-64.

[9] 郭凯. 基于钻孔桩施工技术的土木工程施工建设[J]. 中国住宅设施, 2023 (12): 169-171.

[10] 郭璐莹. 建筑土木工程中高层建筑桩基施工的探究[J]. 新城建科技, 2023, 32 (23): 142-144.

[11] 何涛, 黄林华. 土木工程施工中的建筑屋面防水技术要点探究[J]. 居舍, 2023 (35): 37-40.

[12] 洪剑达.土木工程中深基坑土方开挖的施工技术分析[J].太原城市职业技术学院学报，2024（03）：46-48.

[13] 黄俊.土木工程建筑中混凝土裂缝的施工处理技术分析[J].城市建设理论研究（电子版），2023（33）：133-135.

[14] 蒋仲伟.土木工程中大体积混凝土结构施工技术分析[J].住宅与房地产，2024（09）：167-169.

[15] 李汉宇.基坑支护施工技术在住宅建筑土木工程中的应用[J].居舍，2024（01）：54-57.

[16] 李洪波，殷峰.土木工程施工中的建筑屋面防水技术分析[J].佛山陶瓷，2023，33（12）：41-43.

[17] 李惠.土木工程施工技术中存在的问题与创新探究[J].城市建设理论研究（电子版），2024（14）：191-193.

[18] 李明.房屋建筑土木工程施工中注浆技术研究[J].新城建科技，2023，32（23）：115-117.

[19] 李秋梅.绿色节能技术在土木工程施工中的应用[J].房地产世界，2024（05）：134-136.

[20] 李子友.土木工程建筑中大体积混凝土结构的施工技术[J].住宅与房地产，2024（09）：170-172.

[21] 刘利洋.论土木工程建筑中混凝土裂缝的施工处理技术[J].佛山陶瓷，2023，33（12）：44-46.

[22] 刘雪亮.高层住宅建筑土木工程的技术质量控制分析[J].中国住宅设施，2024（03）：127-129.

[23] 马建平，杨冲.土木工程施工中边坡防护技术研究[J].城市建设理论研究（电子版），2023（33）：196-198.

[24] 马龙.土木工程建筑中混凝土结构的施工工艺[J].四川建材，2024，50（03）：103-105.

[25] 牛中元.土木工程结构设计与地基加固施工技术实践[J].石材，2023

（11）：47-49.

[26] 彭锦.土木工程中房建项目工程质量保障措施[C]//《施工技术》杂志社，亚太建设科技信息研究院有限公司.2023 年全国土木工程施工技术交流会论文集（下册）.《施工技术（中英文）》编辑部，2023：987-989.

[27] 钱栋.土木工程施工中的材料选择及质量控制策略研究[J].居舍，2024（07）：39-41.

[28] 任勇勇.土木工程施工技术的创新及发展分析[J].城市建设理论研究（电子版），2024（12）：139-141.

[29] 石宇.土木工程施工中的材料选择及质量控制策略[J].居舍，2024（06）：63-65.

[30] 宋富荣.土木工程施工管理中的常见问题及应对策略[J].陶瓷，2024（04）：158-161.

[31] 宋国伟.绿色建筑材料在土木工程施工中的应用探讨[J].居舍，2024（04）：82-85.

[32] 孙娣.土木工程管理施工过程质量控制探究[J].大众标准化，2023（24）：37-39.

[33] 谭文龙.土木工程施工中混凝土浇筑施工技术的应用[J].佛山陶瓷，2024，34（03）：163-165.

[34] 王佳.土木工程施工中的材料选择及质量控制策略[J].居舍，2024（16）：95-97.

[35] 王鹏.土木工程施工中绿色建筑材料的质量检测分析[J].居舍，2024（05）：50-52.

[36] 王蒲峰.土木工程建筑结构的混凝土施工研究[J].房地产世界，2023（24）：148-150.

[37] 王天宇.土木工程建设中结构与地基加固技术的应用探讨[J].新城建科技，2024，33（04）：71-73.

[38] 王彤.土木工程项目后浇带施工技术应用[J].陶瓷，2024（05）：59-62.

[39] 王维奇，孙元明.绿色环保建筑材料在土木工程施工中的应用[J].居舍，
    2024（10）：52-55.

[40] 韦军，邹才东.土木工程施工管理及质量控制措施[J].新城建科技，2024，
    33（02）：173-175.

[41] 吴金瑞.土木工程建筑中混凝土结构的施工技术研讨[J].佛山陶瓷，
    2024，34（03）：63-65.

[42] 杨发强.土木工程施工技术中存在的问题与创新探究[J].城市建设理论
    研究（电子版），2024（13）：217-219.

[43] 杨家兴，潘建旭，梁泽锋.房屋建筑土木工程施工中的注浆技术研究[J].
    城市建设理论研究（电子版），2023（36）：120-122.

[44] 曾亭翼.探究土木工程管理施工过程质量控制措施[J].产品可靠性报告，
    2024（05）：46-47.

[45] 曾亭翼.土木工程施工裂缝处理措施研究[J].住宅与房地产，2024（09）：
    185-187.

[46] 张凯凯.土木工程混凝土结构施工技术管理研究[J].城市建设理论研究
    （电子版），2024（10）：149-151.

[47] 张小琴.房建土木工程施工质量管理探索[J].居舍，2023（35）：165-168.

[48] 张跃男.土木工程施工管理中存在的问题及优化[J].大众标准化，2024
    （05）：95-97.

[49] 张志勇.绿色建筑材料在土木工程施工中应用的意义及措施[J].陶瓷，
    2024（03）：208-210.

[50] 周爱强.注浆技术在建筑土木工程中的应用价值[C]///广东省国科电力科
    学研究院.第五届电力工程与技术学术交流会议论文集.广东省国科电
    力科学研究院，2024：235-236.